Les Publications de l'Université Euromed de Fès

FUSION
DES HORIZONS

Mohamed Amine Marhraoui

LES SYSTÈMES D'INFORMATION AU SERVICE DE L'ORGANISATION

L'Harmattan

ACC
كرسي تحالف الحضارات
ALLIANCE OF CIVILIZATIONS CHAIR
CHAIRE ALLIANCE DES CIVILISATIONS

UEMF
الجامعة الأورومتوسطية بفاس
EUROMED UNIVERSITY OF FES
UNIVERSITÉ EUROMED DE FÈS

5-7, rue de l'École-Polytechnique ; 75005 Paris
http://www.editions-harmattan.fr
ISBN : 978-2-336-54009-2
EAN : 9782336540092

SOMMAIRE

REMERCIEMENTS

Je tiens tout d'abord à remercier le Président de l'université EUROMED de Fès (UEMF) Pr. Mostapha Bousmina pour la confiance exprimée et son soutien.

J'adresse toute ma gratitude et mon profond respect au Pr. Abdelhak Azzouzi pour ses judicieux conseils et son accompagnement des chercheurs au sein de l'Université Euro-méditerranéenne de Fès.

Je remercie chaleureusement l'équipe de relecture pour son orientation et ses conseils judicieux ainsi que pour la générosité de son soutien en termes de relecture méticuleuse et perspicace. Ses avis perspicaces m'ont été d'une précieuse aide pour mener à terme ce travail.

Je tiens à remercier mes ami(e)s au sein de l'Euromed Business School pour leur partage de connaissances fructueux.

Ce travail n'aurait pas pu voir le jour sans l'engagement sans faille de mes étudiants qui sont très intéressés par l'apport des systèmes d'information à leur formation de gestionnaire au sein de l'Euromed Business School. Leur participation active aux cours d'introduction et de perfectionnement en SI m'ont été d'une grande utilité dans l'élaboration et l'amélioration continue d'un contenu pédagogique de qualité.

Je renouvelle toute mon amitié et ma sincère sympathie à tous ceux qui m'ont accordé du temps et m'ont témoigné un soutien constant tout au long de la rédaction cet ouvrage pédagogique.

Enfin, ce travail ne pouvait être abouti sans le soutien permanent de ma famille. La présence permanente de ma mère, de ma femme et de mon fils ainsi que leurs encouragements bienveillants sont pour moi les piliers fondateurs de l'accomplissement de ce livre.

PRÉFACE

Le monde est passé par plusieurs révolutions. En effet, la machine à vapeur apparue au début du 19ème siècle a permis d'améliorer la qualité de vie des populations via la génération de puissance mécanique. Ensuite, la 2ème révolution du 20ème siècle a permis l'électrification des moyens de production conduisant ainsi à l'amélioration des niveaux de salaire et à la réduction des prix. S'en suit une 3ème révolution vers les années 1970 marquée principalement par l'automatisation de la production grâce à l'utilisation de la microélectronique, de la nanotechnologie et des technologies de l'information et de la communication. Ainsi, les systèmes d'information et notamment les ERP (Enterprise Resource Planning) ont été adopté par les entreprises afin de mieux collecter, partager, diffuser et analyser les données au sein de l'entreprise et avec son environnement externe. Ceci a permis une meilleure aide à la prise de décision par les managers grâce notamment à l'utilisation de l'informatique décisionnelle (Business Intelligence).

Le 21ème siècle quant à lui a connu une production exponentielle des données provenant de sources hétérogènes à l'instar des réseaux sociaux et des objets connectés (Internet des objets - IoT). Cette 4ème révolution industrielle brise les frontières entre le monde réel, le monde biologique et le monde numérique à l'ère des données massives (Big Data) et de l'intelligence artificielle. Ainsi, l'industrie 4.0 présente des enjeux à la fois économiques, environnementaux et sociaux. En effet, la proposition de valeur pour le client est passée de la mise en place et la commercialisation de produits à la vente de services à utilité pour le consommateur. De plus, de nouveaux Business Model sont apparus à l'ère numérique comme l'utilisation des ressources de l'entreprise pour générer des revenus et ainsi transformer un passif en un actif à l'instar des serveurs de l'entreprise permettant de proposer des services Cloud. Aussi, le numérique et l'économie du partage permettent de répondre à des enjeux environnementaux et sociaux. Par ailleurs, l'usage des nouvelles technologies de l'information a induit une transformation des rôles des acteurs au niveau de l'entreprise à l'instar du nouveau rôle de collaborateur ou client ambassadeur. Aussi, la crise du Covid 19 a augmenté la tendance de l'utilisation des outils digitaux grâce notamment à l'adoption du télétravail par les entreprises. Ces dernières ont continué à investir dans ce mode de travail à titre total ou hybride en vue de faire des économies de coûts ainsi que d'accéder à des compétences à l'international.

Le système d'information est devenu ainsi un levier stratégique pour l'entreprise ; et la fonction du système d'information est passée d'un centre de coûts pour l'entreprise à un centre permettant de générer de la valeur et de gagner en compétitivité.

Cet ouvrage pédagogique s'adresse à toute personne désirant comprendre les fondements d'un système d'information, la gestion de projet de mise en place ou d'évolution d'un système d'information ainsi que l'apport des nouvelles technologies disruptives. Il présente les notions les plus importantes tout en les illustrant par des exemples et des cas d'application. Au début de chaque chapitre, les objectifs pédagogiques sont clairement mentionnés. De plus, chaque notion est, après avoir été expliquée par des définitions et des figures, illustrée à l'aide d'encadrés permettant de mettre en relief les applications de la notion en pratique, les tendances actuelles ainsi que des exemples de solutions et outils pouvant être adoptés par les organisations.

L'ouvrage est ainsi structuré comme suit. Le premier chapitre introduit les notions de données, d'information et de systèmes de gestion des bases de données. Il définit également la notion de système d'information et précise les différentes approches relatives à la place du système d'information dans l'organisation.

Le deuxième chapitre introduit la notion de projet, sa différence avec une opération ainsi que la place des projets dans l'exécution de la vision stratégique de l'entreprise. Il permet également de définir un projet en système d'information et d'aborder les principales méthodes de gestion de projet SI à savoir les méthodes « cycle en V » et les méthodes « agiles ».

Le troisième chapitre permet d'introduire les systèmes d'information opérationnels et décisionnels. En outre, l'accent est mis sur un type de systèmes d'information à savoir les ERP (Enterprise Resource Planning), leurs principales caractéristiques et leur apport aux entreprises.

Enfin, le dernier chapitre introduit les nouvelles technologies disruptives. Dans un premier temps, nous revenons sur l'émergence de ces nouvelles technologies. Ensuite, nous présentons la notion de données massives (Big data) et leur apport à l'entreprise en termes d'aide à la prise de décision, l'analyse des risques et la proposition de recommandations. La deuxième tendance introduite est relative à l'intelligence artificielle. En effet, nous présentons un historique de l'intelligence artificielle et les principaux modèles d'apprentissage automatique (Machine Learning). Ce dernier présente de nombreux cas d'utilisation créateurs de valeur pour l'entreprise à savoir l'automatisation des processus, l'analyse prédictive/prescriptive des performances commerciales, le management des ressources humaines, la détection des anomalies comptables/financières, la segmentation marketing ou bien la gestion de la relation client.

CHAPITRE 1 : DONNÉES, INFORMATIONS ET SYSTÈMES D'INFORMATION

Objectifs du chapitre :

- ✓ Comprendre et distinguer les notions de données, informations, connaissances et sagesse.
- ✓ Comprendre la notion d'un système d'information.
- ✓ Situer la place du système d'information dans l'organisation.
- ✓ Identifier la contribution du SI à la stratégie de l'organisation.

1.1 Données, Bases de données et SGBD

Les données sont liées à des nombres bruts, des caractères et des mots. Elles sont objectives et informent de faits. Il s'agit d'une description élémentaire d'une réalité comme une observation ou une mesure.

Elles peuvent être structurées (chiffre par exemple), semi structurées lorsqu'elles ont des éléments de structure sans pour autant avoir un format défini (fichier HTML ou E-mail par exemple) ; ou non structurées (vidéo par exemple) lorsqu'elles ne correspondent pas à un schéma établi.

Nous pouvons distinguer les exemples suivants :

- Donnée numérique : Température (en C° par exemple) ;
- Donnée texte : nom d'un produit ;
- Donnée monétaire : prix unitaire d'un produit, chiffre d'affaires d'une entreprise.

Une base de données est un ensemble cohérent de données, stocké sur un disque, accessible par un ou plusieurs utilisateurs et sur lequel différentes applications peuvent être développées. De manière informelle, on peut considérer une base de données comme une grande quantité de données, centralisées ou non, utilisées pour les besoins d'une ou plusieurs applications, consultables et modifiables par un groupe d'utilisateurs travaillant en parallèle.

Les bases de données sont conçues et mises en place pour : sauvegarder les données, les restituer sur demande et tirer des conclusions en comparant les faits entre eux. Les bases de données sont nécessaires dans tous les domaines d'activité incluant l'industrie, le commerce, les services (banques/assurances ...), la recherche scientifique (biologie astronomie ...), etc.

Par ailleurs, un système de gestion de bases de données (SGBD) est un logiciel qui permet de : décrire, modifier, interroger et d'administrer les données d'une base de données.

Le SGBD peut être considéré comme le logiciel qui prend en charge la structuration, le stockage, la mise à jour et la maintenance des données. Il est de ce fait l'interface entre la base de données et les utilisateurs ou leurs programmes.

Les principales fonctions d'un SGBD sont :

- Ajout/Modification et suppression de données ;
- Recherche et interrogation des données : la recherche de données est un point très important. Le SGBD doit pouvoir restituer les données rapidement ;
- Définir des protections d'accès (mot de passe, autorisations, etc.) ;
- Résoudre les problèmes d'accès multiples aux données (blocs, inter-blocs) ;
- Prévoir des procédures de récupération en cas d'incident (sauvegardes, journaux, etc.).

Illustration :

Les systèmes de gestion de base de données (SGBD) sont parmi les systèmes logiciels les plus complexes et qui présente un poids économique. Par exemple, en 2023, le SGBD *Oracle* a un chiffre d'affaires de 50 milliards de dollars et 164 000 collaborateurs, et est utilisé par 430 000 clients dans 175 pays.

1.2 De la donnée à l'information et à la connaissance

L'information est le support de la communication humaine. Elle peut être interne pour améliorer la coordination entre les employés et la cohésion sociale ; et externe pour permettre à l'entreprise de communiquer avec son environnement.

Une donnée est considérée comme une information lorsqu'elle est reçue par un être humain qui en fait une interprétation[1] (voir figure 1 ci-dessous).

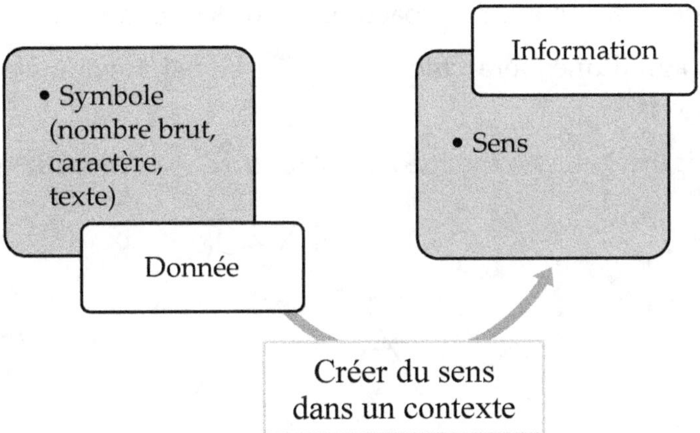

Figure 1- De la donnée à l'information (Source : (Ackoff, 1989)[1])

Illustration :

Le feu est passé au vert.
La donnée est le passage au « Vert » des feux tricolores.
L'information (et l'interprétation) qui en résulte :

- Pour un automobiliste : « J'ai le droit de passer »
- Pour un piéton : « Je n'ai pas le droit de passer »

Et ainsi, Deux interprétations différentes de la même donnée.

La connaissance est liée aux idées spécifiques qu'une entreprise a créées et utilisées pour atteindre ses objectifs. Elle

[1] Ackoff, R. 1989. "From Data to Wisdom." *J. Appl. Sys. Anal.* 16:3–9.

peut être explicite lorsqu'elle est rationnelle, séquentielle ou numérique (par exemple, la connaissance théorique) ; ou peut également être implicite/tacite lorsqu'elle est liée à l'expérience, à la pratique ou au contexte (par exemple, le savoir-faire).

L'information devient connaissance après un filtrage et un retraitement lié aux croyances, aux expériences et à l'environnement socioprofessionnel.

La sagesse quant à elle est la capacité d'analyser, de synthétiser et de sélectionner les bonnes connaissances afin d'accroître l'efficacité et de respecter les valeurs. Elle permet une meilleure prise de décision et une proactivité pour les actions futures.

Il s'agit d'une hiérarchie tel que décrite dans le modèle DIKW ci-dessous.

Figure 2- La hiérarchie DIKW (Source : (Ackoff, 1989)[2])

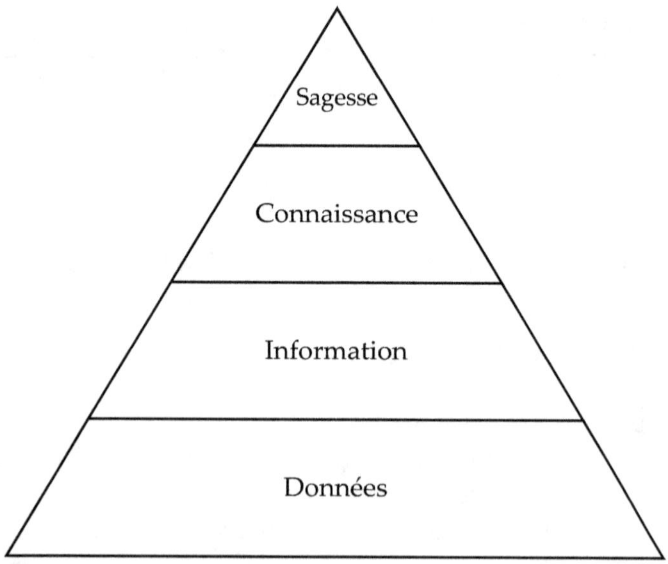

Ce dernier permet à l'organisation qui en tire parti de générer de la valeur à partir de ses

---

[2] Ackoff, R. 1989. "From Data to Wisdom." *J. Appl. Sys. Anal.* 16 : 3–9.

données opérationnelles, mieux connaitre ses clients et développer de nouveaux produits et services innovants[3].

<u>Illustration :</u>

- Le chiffre d'affaires d'une entreprise sur un mois est une donnée brute.
- La comparaison par un directeur commercial de ce chiffre d'affaires avec celui du mois précédent peut lui donner des informations sur l'évolution des performances de la force de vente de l'entreprise.
- Sur la base de son expérience du marché et de ses performances des années précédentes, l'entreprise peut prendre des mesures appropriées.
- L'accumulation de connaissances permettra d'éviter une baisse

1.3 Les systèmes d'information

1.3.1 Aperçu historique

Le concept de SI est apparu à la fin des années 50 et au début des années 60. Les premiers ordinateurs étaient d'une très grande taille et permettaient essentiellement aux grandes entreprises, institutions publiques et universités de stocker et de traiter leurs données au lieu de le faire d'une manière manuelle.

Dans les années 1970, il y'a eu l'apparition des premiers ordinateurs de petites tailles à usage professionnel et personnel. Les technologies de l'information permettent en effet une convergence depuis les années 1970 de plusieurs disciplines notamment l'informatique, les télécommunications et l'audiovisuel.

Les années 1980 ont connu l'émergence de l'architecture client-serveur qui a permis entre autres le développement des

[3] Ermine, Jean-Louis, Mahmoud Mouradi, and Stéphane Brunel. 2012. "Une Chaîne de Valeur de La Connaissance." *Management International / International Management / Gestión Internacional*, Gestion des Connaissances dans la Société et les Organisations, 16 (Hors-série): 29–40. https://doi.org/10.7202/1012391ar.

bases communes de données client, des systèmes de messagerie ainsi que les progiciels de gestion intégrés (ERP : Enterprise Resource Planning). Cette infrastructure applicative peut être soit à l'échelle de l'entreprise soit locale lorsqu'elle est personnalisée pour une unité spécifique (Weill & Vitale, 2002)[4].

Les ressources en technologies de l'information comprennent ainsi entre autres : l'infrastructure applicative, la gestion des données, les canaux de communication et la sécurité (Weill et al., 2002)[5].

Les années 1990 ont été marqué par l'utilisation d'internet. En effet, la « National Science Foundation » autorise l'utilisation du web à des fins commerciales. C'est ainsi qu'il y'a eu développement du E-commerce (Pizza Hut, Amazon, Ebay) et l'apparition de nouveaux modèles : B2C (Business-to-Consumer), C2C (Consumer-to-Consumer) et B2B2C (Business-to-Business-to-Consumer). Les années 2000 quant à elle ont connu l'émergence de la mobilité grâce l'utilisation massives des Smartphones et des réseaux sociaux. Ceci a généré une production des données d'une manière exponentielle. Il s'agit de la nouvelle ère des données massives (méga données ou Big data). Ces dernières ont ouvert aux entreprises de nouveaux champs d'innovation et de création de valeur surtout en exploitant les données grâce aux possibilités offertes par l'intelligence artificielle.

---

[4] Weill, P. 2002. "What IT Infrastructure Capabilities Are Needed to Implement E-Business Models?" *MIS Quarterly Executive* 1 (1): 17–34.

[5] Weill, Peter, Mani Subramani, and Marianne Broadbent. 2002. "Building IT Infrastructure for Strategic Agility." *MIT Sloan Management Review,* October. https://sloanreview.mit.edu/article/building-it-infrastructure-for-strategic-agility/.

1.3.2 Définitions et enjeux des SI

Selon Robet Reix[6] : " Un Système d'Information (SI) est un ensemble organisé de ressources : matériels, logiciels, ressources humaines, données, procédures... permettant l'acquisition, le traitement et le stockage de données (sous forme de textes, d'images, de sons, etc.) dans et entre les organisations ".

Le système d'information (SI) est une composante du système général de l'organisation comprenant un ensemble organisé de moyens humains et techniques de façon à atteindre les objectifs décidés par l'organisation. Le système d'information a pour rôle de permettre à chacun au sein de l'organisation de disposer des informations qui lui permettront d'effectuer son travail dans les meilleures conditions possibles.

Un système d'information est constitué comme précisé sur la figure 3 ci-dessous[7] principalement de trois éléments majeurs :

- L'outil informatique (infrastructure, matériel, logiciel...) ;
- L'utilisateur qui effectue une tâche/opération avec ou sans l'outil ;
- Et l'information qui représente la "matière première".

Les fonctions d'un système d'information englobent :

- La collecte/acquisition des données ;
- Leur stockage ;
- Leur traitement/transformation/analyse ;
- Et leur communication/partage/transmission.

---

[6] Reix, Robert, Bernard Fallery, Michel Kalika, and Frantz Rowe. 2016. *Systèmes d'Information et Management des Organisations - 7ème édition.* Vuibert Gestion. https://univ-lyon3.hal.science/hal-01493256.

[7] Legrenzi, Christophe. 2015. "Informatique, numérique et système d'information : définitions, périmètres, enjeux économiques." *Vie & sciences de l'entreprise* 200 (2) : 49–76. https://doi.org/10.3917/vse.200.0049.

Figure 3- Composantes d'un système d'information (Source : Legrenzi, C. (2015)[8])

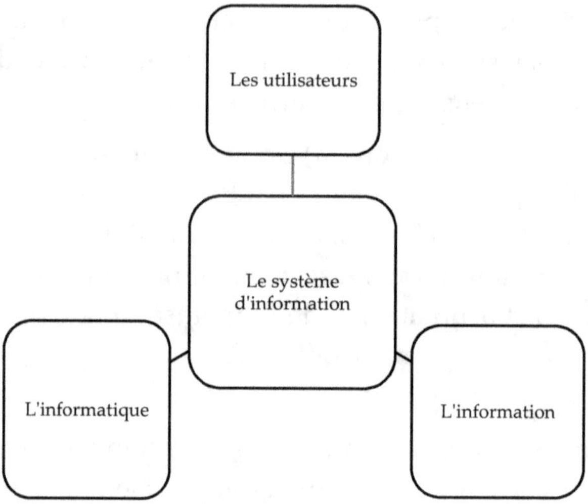

Les systèmes d'information présentent plusieurs enjeux dont :

- *Enjeu technologique :* ensemble de ressources matérielles (ordinateurs, serveurs, réseau...) et logicielles.
- *Enjeu managérial :* place du SI au niveau organisationnel et son alignement avec la stratégie de l'entrepris en supportant aussi bien l'activité opérationnelle que décisionnelle de l'entreprise.
- *Enjeu éthique :* utilisation du SI dans le respect de l'éthique (protection des données à caractère personnel, protection des droits d'auteur, propriété intellectuelle, contrôle du trafic Web contre les cyber-attaques...).
- *Enjeu social* : impact des SI sur les relations sociales entre les individus, création d'emplois, coordination en interne et communication avec les parties prenantes externes...

---

[8] Legrenzi, Christophe. 2015. "Informatique, numérique et système d'information : définitions, périmètres, enjeux économiques." *Vie & sciences de l'entreprise* 200 (2) : 49–76. https://doi.org/10.3917/vse.200.0049.

1.3.3 Place du SI dans l'organisation

La mise en place des systèmes d'information nécessite un cadre et un modèle de représentation permettant de situer le SI au sein de l'organisation et définir ses interactions avec les systèmes environnants ainsi que de comprendre le rôle du SI au sein de l'entreprise.

Ainsi, la place du système d'information dépend de l'approche de la décomposition de l'organisation. Nous distinguons trois approches à savoir l'approche systémique, l'approche fonctionnelle et celle basée sur les processus.

- ***L'approche systémique :***

Se base sur la décomposition de l'organisation en trois systèmes (voir figure 4 ci-dessous) :

Figure 4- La décomposition de l'organisation en trois systèmes (Source : Le Moigne (1990)[9])

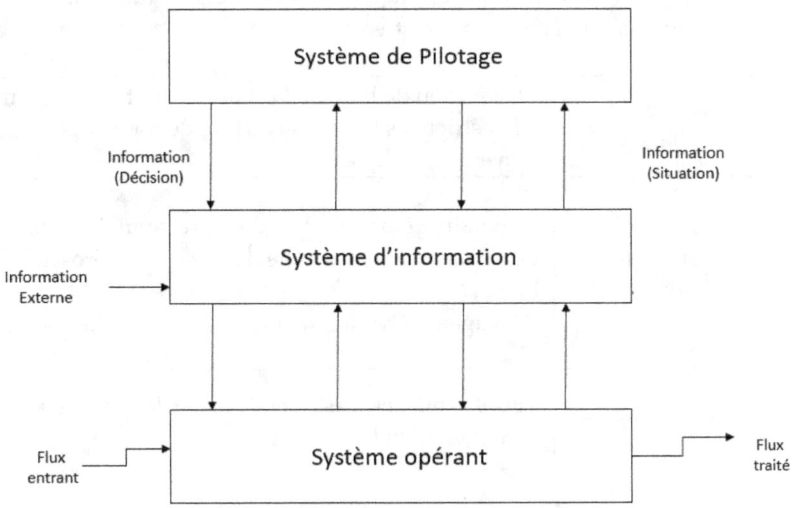

[9] Le Moigne, Jean-Louis. 1990. *La modélisation des systèmes complexes*. Dunod.

- *Un système opérant :* lié à l'exécution des opérations de l'entreprise. Il implique un flux physique entrant et sortant du système.
- *Un système d'information :* il prend en entrée des informations externes ou opérationnelles, les mémorise et les transforme pour produire en sortie des informations qui, d'une part, reflètent le plus fidèlement possible le flux physique et, d'autre part, fournissent au système opérationnel les éléments nécessaires à son fonctionnement quotidien et au système de pilotage les éléments nécessaires à une prise de décision correcte.
- *Un système de pilotage*: permet de prendre des décisions après avoir traité, analysé et synthétisé l'information.

Illustration :

L'approche systématique appliqué à un opérateur de transport ferroviaire national peut être illustrée comme suit :

Système de pilotage	- Définition de la grille tarifaire, définition du plan trimestriel des lignes, ouverture de nouvelles lignes...
Système d'information	-Itinéraire : Numéro de l'itinéraire, nom de la ville de départ, nom de la ville d'arrivée, numéro du billet ... -Voyageurs : Nom, prénom, numéro de téléphone ...
Système opérant	Trains, voitures, passagers, billets, départs, arrivées, paiement d'un billet ...

- ***L'approche fonctionnelle :***

L'organisation est divisée en grandes fonctions : marketing, ventes, RH, achats, etc.

Chaque domaine fonctionnel regroupe des spécialistes du domaine (voir figure 5 ci-dessous).

Figure 5- Organisation fonctionnelle

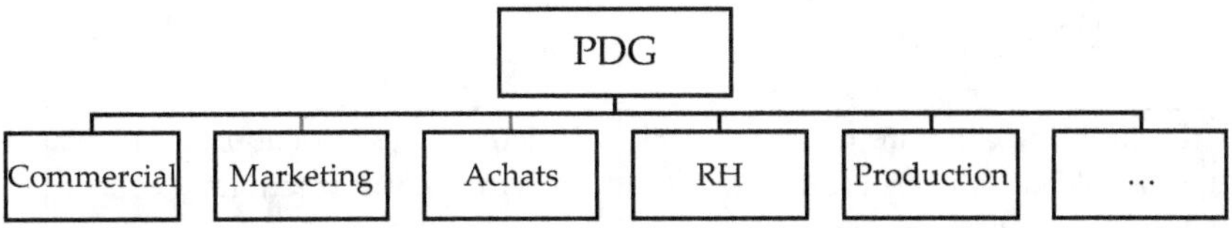

L'approche fonctionnelle consiste à équiper chaque fonction de son propre système d'information et dispose de ses propres ressources (serveurs, moyens humains/logiciels, bases de données ...) tel que précisé au niveau de la figure 6 ci-dessous.

Figure 6- Place du SI dans une organisation fonctionnelle

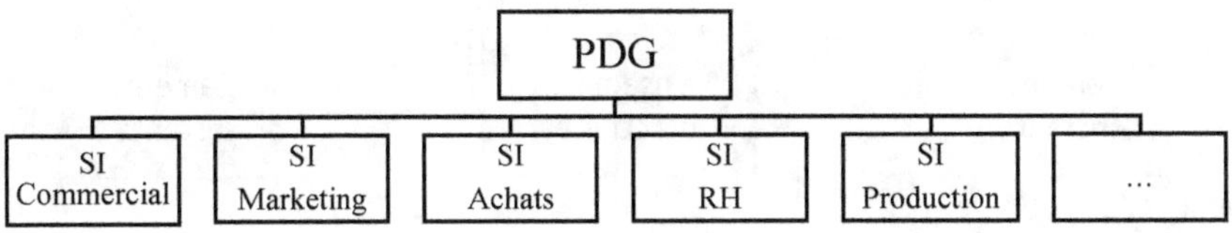

Illustration :

L'approche fonctionnelle présente des avantages et des inconvénients :

Avantages	Inconvénients
Facilité de mise en œuvre d'un nouveau SI pour une fonction donnée compte tenu de son indépendance	Chaque SI nécessite ses propres ressources humaines, financières et matérielles/logicielles
Facilité de maintenance du SI puisqu'il ne concerne qu'une seule fonction de l'entreprise	Difficulté de collaboration et d'échange d'informations

- ***L'approche basée sur les processus*** :

Un processus est déclenché par un événement extérieur. Il se décompose en un ensemble d'activités visant à produire un résultat final pour le client (voir figure 7 ci-dessous).

Figure 7- Description d'un processus

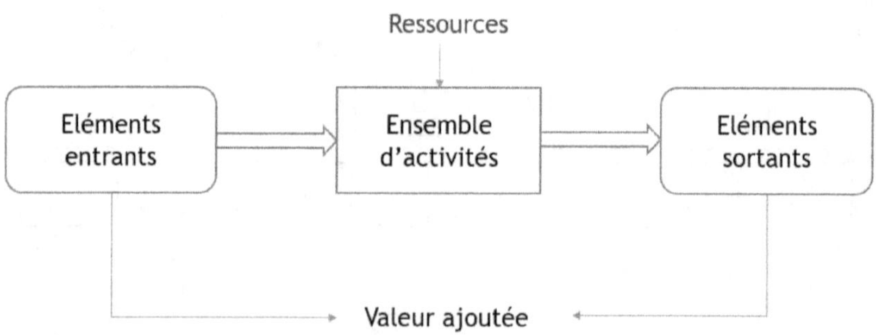

En effet, les processus consomment, utilisent et produisent de la donnée. Cette dernière est au cœur du fonctionnement des processus de l'entreprise depuis sa collecte et son traitement selon l'enchaînement et la mise en œuvre des activités.

Selon Ph. Lorino, 1997, p83-84[10]: « les activités sont liées ainsi par des flux d'informations qui se combinent pour fournir un produit matériel ou immatériel important et bien défini ».

Un processus est différent d'une procédure : le processus est plus général que la procédure.

Le processus est composé d'un ensemble d'activités de l'organisation. Les procédures sont les étapes détaillées décrivant la manière dont chaque étape du processus sera exécutée.

Comme illustré au niveau de la figure 8[11] ci-dessous, Il existe 3 types de processus dans une entreprise :

- *Processus de pilotage:* permet la définition de la stratégie, le suivi de l'activité à travers l'analyse de l'information et les orientations données aux processus de réalisation.
- *Processus de réalisation :* représente les principaux processus opérationnels de l'entreprise sous la forme d'une séquence d'activités. Par exemple : processus de production de biens et/ou de services.
- *Processus de soutien :* fournit les ressources nécessaires à l'exécution des différentes activités de l'entreprise. Par exemple : Processus RH.

---

[10] Ph. Lorino, 1997, p83-84 : « Méthodes et pratiques de la performance : le guide du pilotage ».

[11] Norme ISO 9001, Systèmes de management de la qualité.

Figure 8- 3 types de processus (Source : Norme ISO 9001)

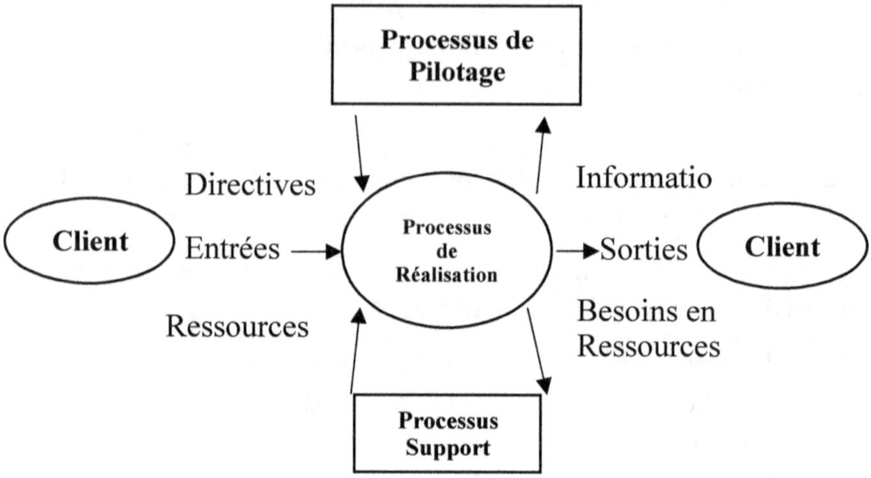

Selon l'approche par processus, l'organisation est vue sous l'ongle d'un ensemble de processus transversaux impliquant plusieurs entités de l'entreprise (voir figure 9 ci-dessous). Les systèmes d'information sont transverses et impliquent des équipes pluridisciplinaires relevant de plusieurs domaines.

Figure 9- L'approche par processus

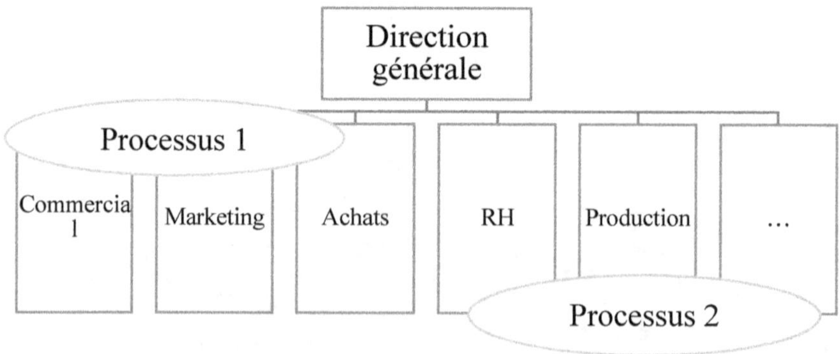

L'approche basée sur les processus repose sur la modélisation des activités de l'entreprise sous forme de processus.

Cette modélisation des processus permet à l'entreprise de documenter ses activités, de piloter leur exécution, de gérer les risques et de s'assurer de la qualité et de l'efficacité des processus de l'entreprise.

In fine, cette modélisation permet à l'entreprise d'optimiser le mode de fonctionnement des processus, leur digitalisation/automatisation et ainsi d'améliorer l'efficacité de l'activité de l'entreprise[12].

[12] Besombes, Béatrix, Lorraine Trilling, and Alain Guinet. 2004. "Conduite Du Changement Dans Le Cadre Du Regroupement de Plateaux Médicotechniques. Apport de La Modélisation d'entreprise." *Journal Européen Des Systèmes Automatisés* 38 (6) : 691. https://doi.org/10.3166/jesa.38.691-723.

CHAPITRE 2 : GESTION DE PROJET EN SYSTÈMES D'INFORMATION

Objectifs du chapitre :

- ✓ Comprendre la notion de projet et de projet SI.
- ✓ Distinguer entre un projet et une opération.
- ✓ Identifier la contribution des projets SI à la stratégie de l'organisation.
- ✓ Distinguer les principales approches de gestion de projets SI.
- ✓ Comprendre les étapes et les fondamentaux de chaque approche.

2.1 Notions de projet et projet SI

Selon (Wysocki et al. 2011)[13]: un projet est une séquence d'activités uniques, complexes et connectées, avec pour but d'atteindre un objectif. Ceci doit être réalisé à l'intérieur d'un cadre temporel, d'un budget et en respect de spécifications.

La norme X50-115[14] définit le projet comme : « un processus unique, qui consiste en un ensemble d'activités coordonnées et maîtrisées, comportant des dates de début et de fin, entrepris dans le but d'atteindre un objectif conforme à des exigences spécifiques ».

Selon le PMI (Project Management Institute)[15] : Un projet est une entreprise temporaire visant à créer un produit et/ou un service unique.

Un projet est caractérisé par trois contraintes : le coût, la qualité et le délai (voir figure 10 ci-dessous).

---

[13] Wysocki, Robert K. 2011. *Effective Project Management: Traditional, Agile, Extreme*. John Wiley & Sons.

[14] Afitep/Afnor 2002.

[15] PMBOK® Guide 2021.

Figure 10- Les 3 contraintes d'un projet

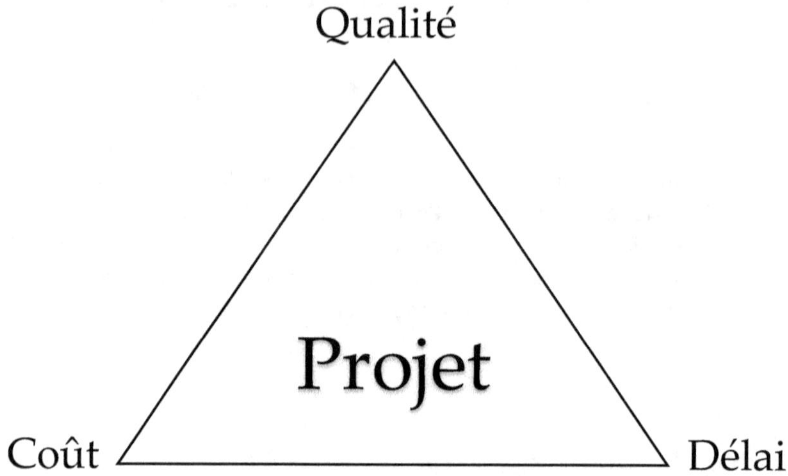

La qualité étant le degré auquel un ensemble de caractéristiques intrinsèques satisfait à des exigences. Le management de la qualité du projet comprend les processus et les activités de l'entreprise qui déterminent la politique qualité, les objectifs et les responsabilités en matière de qualité, afin que le projet réponde aux besoins pour lesquels il a été entrepris.

Le point de départ de la gestion des délais d'un projet est l'échéancier du projet. En effet, La gestion de l'échéancier du projet comprend les processus permettant de gérer l'achèvement du projet dans le temps voulu. Les processus de gestion de l'échéancier du projet, les outils et techniques qui leur sont associés sont documentés dans le plan de management de l'échéancier. Ainsi, l'échéancier achevé et approuvé constitue la référence de base qui sera utilisée.

La mise en place de l'échéancier commence par l'établissement de la Structure de Découpage du Projet (SDP) constitué des lots de travail et des tâches qui servent de base à l'estimation, l'exécution, la surveillance et la maîtrise du travail du projet. A partir de la SDP, il y'a lieu d'identifier et documenter les relations entre les tâches du projet. Les tâches sont organisées ainsi en séquence sur la base de liens logiques. Chaque tâche, à l'exception des premières et des dernières, est lié à au moins un prédécesseur et un successeur. Les dépendances entre les tâches peuvent être *obligatoires* : Inhérentes à la nature du travail ; *optionnelles* : décidées par l'équipe projet pour respecter les bonnes pratiques relatives à un domaine de compétence particulier ; ou *externes* : entre le projet et tâches qui n'appartiennent pas au projet

Par ailleurs, il peut être nécessaire de placer entre les tâches un décalage avec avance (Lead) ou avec retard (Lag), de façon à établir un échéancier du projet réaliste et faisable. L'organisation des tâches en séquence peut être effectuée à l'aide d'un logiciel de gestion de projet (Comme Ms Project ou Gantt Project).

Pour la gestion des coûts, il s'agit de calculer une approximation des ressources monétaires nécessaires à l'accomplissement des activités du projet. En effet, la prévision basée sur les informations disponibles à un moment donné s'exprime généralement en unités monétaires (MAD, USD, EUR, ...). Les coûts sont estimés pour toutes les ressources qui seront imputées au projet. Selon les besoins du projet, Il existe plusieurs types de ressources pouvant être mobilisées :

- Ressources matérielles (ordinateur, téléphone, serveurs ...) ;
- Ressources humaines (développeurs, consultants externes ...) ;
- Ressources logicielles (bureautique, logiciels de conception et de développement ...) ;
- Ressources pour les locaux (nouveau local ...) ;
- Ressources documentaires (livres, catalogues ...) ;
- Ressources financières (autofinancement, prêts, aides financières ...) ; ...

Le budget du projet est constitué entre autres des coûts des activités et des lots de travail du projet ; plus des provisions pour imprévus (coûts des risques connus) ; plus des provisions pour aléas (coûts des risques inconnus).

Illustration :

Exemples de projets :

- Construction Au Maroc du pont Mohamed 6 (entre 2011 et 2016) ;
- Lancement de la 1ere centrale solaire au Maroc NOOR 1 (entre Mai 2013 et Février 2016).

La stratégie de l'entreprise permet la sélection des projets permettant de garantir l'alignement entre la vision stratégique et l'atteinte les objectifs de l'entreprise[16] (voir figure 11 ci-dessous).

Figure 11- Relation entre projets et stratégie de l'organisation

(Source : PMI)

[16] PMI Book Standards for Portfolio Management.

Par conséquent, il est essentiel de distinguer entre programme et portefeuille de projets :

- *Programme :* ensemble de projets ou de sous-projets, dépendants les uns des autres, qui contribuent à atteindre un même objectif.
- *Portefeuille de projets :* ensemble de projets ou programmes gérés pour atteindre les objectifs stratégiques d'une organisation.

La gestion du portefeuille de projets SI permet d'identifier et de prioriser d'une manière dynamique les projets SI répondant aux questions ci-dessous :

- *Alignement stratégique :* les programmes et projets du portefeuille sont-ils en lien avec la stratégie de l'entreprise ?
- *Gestion des ressources :* les ressources sont-elles suffisantes à la conduite du portefeuille de projets (ressources humaines, financières, matérielles) ?
- *Analyse des risques :* est-ce que le niveau d'exposition aux risques du portefeuille de projets est acceptable ?

Par ailleurs, un projet est différent d'une opération. Le projet est une activité non répétitive, avec incertitude forte et dont les décisions sont moins réversibles. Tandis que les opérations sont plutôt répétitives, à niveau d'incertitude faible et dont les décisions sont plutôt plus réversibles[17].

---

[17] Declerck, R. P., J. P. Debourse, and C. Navarre. 1983. *Méthode de Direction Générale : Le Management Stratégique.* Éditions Hommes et Techniques. https://cir.nii.ac.jp/crid/1130282272502998016.

Illustration :

- Gérer au quotidien les dossiers de clients n'est pas un projet (activité répétitive, on répond à un besoin chaque fois qu'il se manifeste).
- Réaliser un nouveau logiciel : est un projet (relève d'une décision, cycle unique, objectifs autonomes, clairement définis, activité limitée dans le temps, les ressources sont affectées pour une durée limitée...).
- Facturer des commandes est une opération quotidienne.
- Optimiser le système d'information de gestion de la chaîne logistique est un projet.

Un projet SI (Système d'Information) consiste à mettre en place ou à faire évoluer le système d'information dans le cadre organisationnel et humain de l'entreprise.

Illustration :

- Projet de mise en place d'un nouveau CRM (Customer Relationship Management) afin de permettre à l'entreprise d'avoir une vision 360° du client, de mieux gérer la relation commerciale et d'assurer un bon niveau de service après-vente.

- Projet d'évolution d'un système d'information de gestion des ressources humaines (SIRH) afin de rajouter des modules permettant la gestion des recrutements et des formations.

L'organisation de l'équipe projet SI est caractérisé par les rôles ci-dessous :

- *Maîtrise d'ouvrage (MOA) :* organisation demandeuse à qui le produit final est livré.
- *Assistance à maîtrise d'ouvrage (AMOA) :* assiste la MOA dans l'expression du besoin et la validation du produit final.

- *Maîtrise d'œuvre (MOE)* : entité (interne ou externe à l'entreprise) responsable de la réalisation du projet SI et de sa livraison.
- *Utilisateurs :* groupe de personnes qui vont utiliser le système au sein de l'entreprise.

Illustration :

« Ahmed a été nommé à la tête du projet P. Il a constitué une équipe de 4 personnes. Fatima et Mourad sont deux développeurs Java. Le projet P a été commandité par l'entreprise E. Aymane et Hakima assistent l'entreprise dans la définition du besoin et dans la réalisation des tests. Il s'agit d'un projet SI de gestion des achats. Un contrat a été signé entre l'entreprise E et le prestataire R pour la réalisation du projet. Cette application sera utilisée par les membres du service achat de l'entreprise E. »
MOA : Entreprise E ; *AMOA* : Aymane et Hakima ; *Chef de projet* : Ahmed ;
MOE : Fatima et Mourad (internes) et le Prestataire R (externe)
Utilisateurs : les membres du service achat de l'entreprise E

2.2 Différentes approches en gestion de projet SI

Il existe principalement deux approches en gestion de projet SI : l'approche du cycle en V et celle agile.

2.2.1 L'approche du cycle en V

Méthode de gestion de projets SI constituée de plusieurs étapes (analyse du besoin, spécifications fonctionnelles et techniques, développement, tests, déploiement et conduite du changement) s'enchainant les unes après les autres.

La méthode du cycle en V est née dans les années 1970 suite aux travaux de Winston W. Royce[18]. Celle méthode a été aussi bien adoptée dans l'industrie que dans le domaine des systèmes d'information.

---

[18] Royce, W. W. 1987. "Managing the Development of Large Software Systems: Concepts and Techniques." In *Proceedings of the 9th International.*

La figure 12 ci-après présente l'enchaînement des étapes de la méthode du cycle en V[19].

Figure 12- L'enchaînement des étapes de la méthode du cycle en V

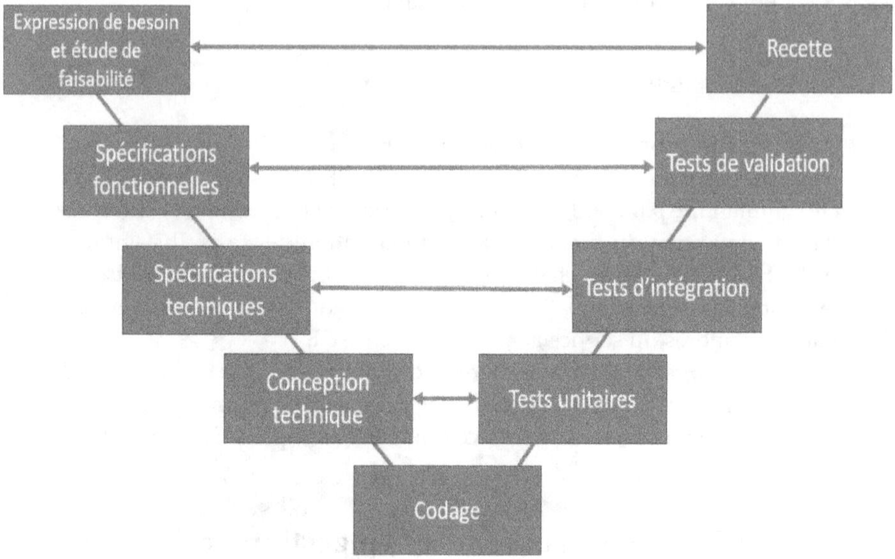

L'étape d'expression du besoin et étude de faisabilité permet entre autres d'exprimer le besoin, de définir les différentes solutions envisageables, d'évaluer les coûts et les délais, de bâtir des scénarios pour le projet, d'identifier les grandes étapes et d'évaluer les risques.

---

[19] Royce, W. W. 1987. "Managing the Development of Large Software Systems: Concepts and Techniques." In *Proceedings of the 9th International Conference on Software Engineering*, 328–38. ICSE '87. Washington, DC, USA: IEEE Computer Society Press.

Illustration :

Il existe des outils aidant à mieux exprimer le besoin tel que l'outil QQOQCP qui sert à clarifier le besoin du projet en répondant aux questions suivantes :

- *Q - Quoi :* objet.
- *Q - Qui :* parties prenantes, acteurs.
- *O - Où :* lieu
- *Q - Quand :* planning, durée
- *C - Comment :* matériel, équipement, ressources nécessaires, procédures.
- *P - Pourquoi :* motivations

L'étape relative aux spécifications fonctionnelles permet de définir les différents cas d'utilisations (Use Case) du projet ainsi qu'une description des processus cible et des règles de gestion métier les régissant ainsi que les habilitations en termes de rôles d'accès à l'application. Les cas d'utilisations (Use Case) du système d'information reflètent une unité cohérente représentant une fonctionnalité visible de l'extérieur.

Illustration :

Exemple de cas d'utilisation pour un projet SI de gestion de commandes :

Utilisateur	Cas d'utilisation
Logisticien	S'identifier
	Prendre une commande
	Expédier une commande
	Suivre une commande
	Se réapprovisionner
	Gérer les fournisseurs
	Gérer le stock
Responsable clientèle	S'identifier
	Valider et calculer le taux de remise
Directeur des ventes	S'identifier
	Valider et réviser le taux de remise

Par la suite, les spécifications fonctionnelles sont traduites en composants applicatifs en définissant les caractéristiques techniques du produit.

A partir des spécifications fonctionnelles et techniques, il y'a conception technique notamment l'élaboration du dossier d'architecture technique de l'application.

Illustration :

- *Un besoin fonctionnel* serait : être légère à charger ;
- Pour lequel les *spécifications techniques* pourraient être : la page utilisera les standards HTML, utilisera uniquement un texte et des images, ne dépassera pas la taille d'1 ko et ne fera pas appel à des images ou icônes dont la taille totale dépasserait 4 ko.

Quand la phase de conception est terminée, le développement de l'application commence en utilisant une plateforme et un langage spécifique (tout en commentant le code et en débuguant).

Pendant chacune des phases citées précédemment, il existe un type de tests. En effet, les tests unitaires testent une partie du code indépendamment des autres parties du programme. Les tests d'intégration valident que les parties développées indépendamment fonctionnent ensemble. Ces deux tests sont d'ordre technique et sont réalisés par la MOE. En outre, Les tests de qualification permettent de valider le fonctionnement du système avant livraison au client et sont généralement réalisés par l'AMOA. Enfin, les tests de recette permettent au métier (MOA) de valider la réception du système d'information.

Après le passage en production, la gestion du changement est primordiale pour assurer une meilleure adoption du nouveau système.

En effet, il faut assurer après le déploiement du projet une maintenance applicative qui peut être aussi bien correctives quand il s'agit de corriger des anomalies (bloquantes, non bloquantes, de production), qu'évolutives quand il s'agit de l'implémentation de nouvelles évolutions. Aussi, il est primordial d'assurer des formations aux utilisateurs pour permettre une utilisation efficace de l'application, et fournir un support fonctionnel et technique aux utilisateurs afin d'assurer une adoption de l'application et une utilisation plus facile du SI.

Le cycle de développement en cascade (Cycle en V) laisse peu de place au changement et pose des problèmes :

- Impossibilité de définir l'exhaustivité des fonctionnalités d'un produit en amont ;
- Retards dus à l'excès de planification/coordination nécessaires à la gestion des parties prenantes ayant diverses rôles et responsabilités ;
- « Effet de Tunnel » lors de la validation définitive du projet ;
- Non implication du client lors de la réalisation du projet.

L'approche agile apparait donc comme une alternative au cycle en V si l'environnement du projet est changeant.

La méthode du cycle en V est souvent utilisée quand les exigences du client sont très précises et l'environnement du projet change très peu limitant les risques de décalage et ainsi l'effet tunnel.

Les 2 approches peuvent être adoptées pour le même projet en mode hybride afin d'associer le meilleur des deux approches selon les spécificités du projet.

Illustration :

La différence entre les approches agile et cycle en V peut être résumée comme suit :

- Pour *l'approche cycle en V,* le périmètre est fixe tandis que le coût et le délai sont variables.

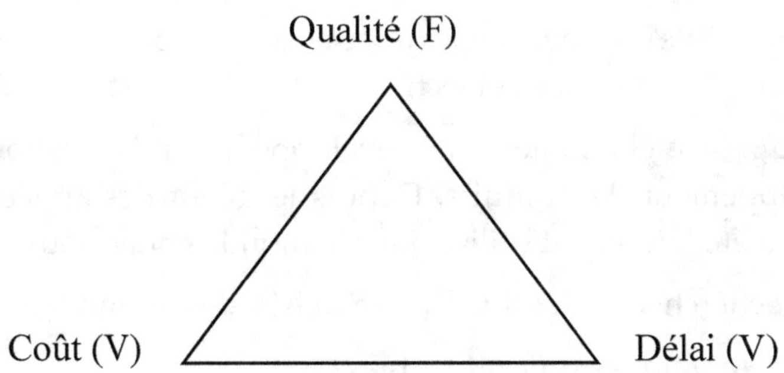

- Pour *l'approche agile*, le coût et le délai sont fixes tandis que le périmètre est variable.

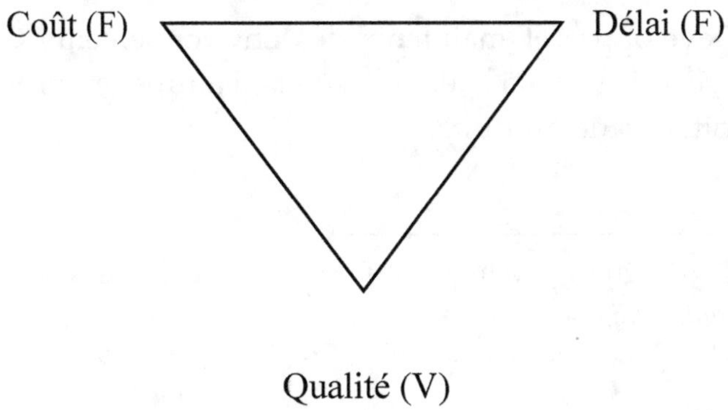

2.2.2 L'approche agile

Les méthodes agiles sont référencées par le manifeste agile[20] depuis 2001 comme une nouvelle façon de développer des logiciels afin de mieux s'adapter au changement (Annexe 1).

Ces méthodes permettent de s'adapter continuellement au besoin du client. En effet, il s'agit d'un nouveau mindset orienté client : « Aller plus vite vers le client ».

La méthode Scrum[21][22] est un exemple des méthodes agiles les plus répandues. Il s'agit d'une méthode issue du Rugby. Ses bases sont apparues en 1995 après la reprise par Sutherland et Schwaber des principes du « New New Product Development Game »[23]. Elle permet ainsi de subdiviser l'objectif global du projet en plusieurs mini-objectifs.

Scrum a été initialement développé pour la gestion et le développement de produits. Depuis le début des années 1990, Scrum a été largement utilisé dans le monde entier pour :

1. Rechercher et identifier des marchés, des technologies et des

Caractéristiques produit viables ;

2. Développer des produits et des améliorations ;

3. Publier des produits et des améliorations, jusqu'à plusieurs fois par jour ;

4. Développer et maintenir des environnements Cloud (en ligne, sécurisé, à la demande) et d'autres environnements d'exploitation de produits ;

---

[20] Beck, K. 2001. "Manifesto for Agile Software Development." *Http://Agilemanifesto.Org/*.

[21] Schwaber, K., & Sutherland, J. 2011. *The scrum guide. Scrum Alliance,* 21(1), 1-38.

[22] Schwaber, Ken. 2004. *Agile Project Management With Scrum.* USA: Microsoft Press.

[23] Takeuchi, H., and Nonaka, I. 1986. "The New New Product Development Game." *Harvard Business Review: HBR,* Harvard business review: HBR. - Boston, Mass.: Harvard Business School Publ. Corp., ISSN 0017-8012, ZDB-ID 2382-6. - Vol. 64.1986, 1, p. 137-146, 64 (1).

5. Maintenir et renouveler des produits.

La méthode Scrum divise le projet en plusieurs itérations de 15 jours à un mois appelées « Sprint ». Avant chaque « Sprint », la liste des tâches est estimée en termes de complexité et de temps constituant ainsi le « Sprint Backlog » qui fera l'objet de la prochaine livraison.

Comme mentionné ci-dessus, les artefacts de Scrum comprennent le backlog produit ainsi que le backlog du sprint.

Le backlog Produit est une liste ordonnée de tous les éléments identifiés comme nécessaires au produit. Il constitue l'unique source d'exigences pour tout changement à apporter au produit. Le Product Owner est responsable du Backlog produit, y compris son contenu, sa disponibilité et son ordonnancement.

Le Backlog Sprint est l'ensemble des éléments sélectionnés pour le Sprint plus un plan pour livrer l'incrément du produit et réaliser l'objectif du Sprint. Le Backlog Sprint est une prévision que l'équipe de développement fait de la fonctionnalité qui sera présente dans le prochain incrément et le travail nécessaire pour livrer cette fonctionnalité dans un incrément « Fini ».

Une réunion quotidienne appelée « Stand up meeting » est organisée afin que les parties prenantes du projet (chef de projet, responsables fonctionnels et développeurs) présente les tâches effectuées la veille, les difficultés rencontrées ainsi que les prévisions de réalisation.

La méthode Scrum permet une meilleure efficacité grâce à l'auto-organisation de l'équipe, un esprit d'autonomie de développement et à une communication/coopération optimisées entre les différentes parties prenantes.

A la fin de chaque Sprint, l'équipe réalisé une « Sprint Review » afin de partager l'accomplissement du Sprint ainsi que collecter le feedback des parties prenantes.

Aussi, une « Sprint retrospective » est réalisée à la fin du Sprint afin de permettre à l'équipe de voir ce qui pourrait être amélioré pour le prochain sprint.

La figure 13 ci-dessous résume les artefacts de la méthode Scrum.

Figure 13- Artefacts de la méthode Scrum (Source : Schwaber, K. (2004)[24], Sliger, M. (2011)[25])

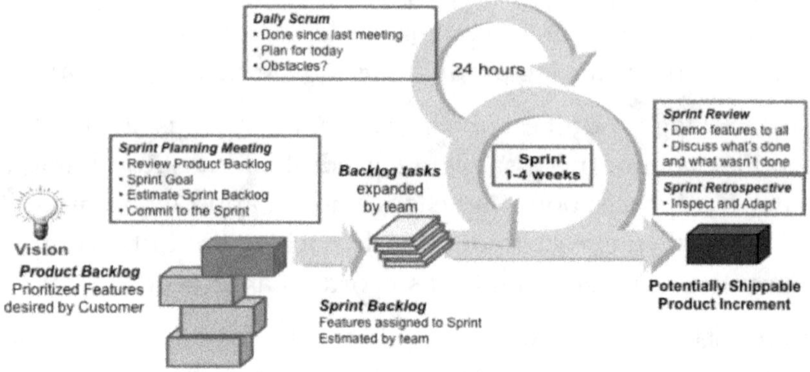

L'équipe Scrum est constituée d'un Product Owner (PO), une équipe de développement et d'un Scrum master.

En effet, le Product Owner est responsable de maximiser la valeur du produit résultant du travail de l'équipe de développement. La façon de jouer ce rôle peut varier grandement selon les organisations, les équipes Scrum et les individus. Le Product Owner est le seul responsable de la gestion du Backlog Produit (Product Backlog). La gestion du Backlog Produit comprend :

- L'expression claire des éléments du Backlog produit ;
- L'ordonnancement des éléments dans le Backlog produit pour mieux réaliser les objectifs et les missions ;
- L'optimisation de la valeur du travail effectué par l'équipe de développement ;

[24] Schwaber, Ken. 2004. *Agile Project Management With Scrum.* USA: Microsoft Press.

[25] Sliger, Michele. 2011. *Agile Project Management with Scrum.* Project Management Institute.

- L'assurance que le Backlog produit est visible, transparent et clair pour tous, et montre sur quoi l'équipe de développement travaillera prochainement ; et,
- L'assurance que l'équipe de développement comprend adéquatement les éléments du Backlog produit.

L'équipe de développement se compose de professionnels qui fournissent un incrément « Fini » potentiellement publiable (Releasable) à la fin de chaque Sprint. Un incrément « Fini » est requis à la revue de sprint. Seuls les membres de l'équipe de développement créent l'incrément. Les équipes de développement sont structurées et habilitées par l'organisation à s'organiser et gérer leur propre travail. La synergie résultante optimise l'efficience et l'efficacité globale de l'équipe de développement.

Le Scrum Master est chargé de promouvoir et supporter Scrum tel que défini dans le Guide Scrum. Les Scrum Masters remplissent leur rôle en aidant tout le monde à comprendre la théorie, les pratiques, les règles et les valeurs de Scrum.

Le Scrum Master est un leader-serviteur de l'équipe Scrum. Le Scrum Master assiste les personnes externes à l'équipe Scrum pour identifier quelles seraient les interactions bénéfiques avec elle. Le Scrum Master aide à adapter les différentes interactions avec l'équipe Scrum pour maximiser la valeur créée par cette équipe. Le Scrum Master est au service du Product Owner, de l'équipe de développement et de l'organisation.

2.3 Facteurs clés de succès pour la mise en place de projet SI

Afin de garantir la réussite de la mise en place d'un projet SI, plusieurs facteurs clés de succès peuvent contribuer.

En effet, le premier facteur crucial est le support de la direction générale à travers un sponsoring du projet, un suivi régulier de l'avancement lors des comités de pilotage et la prise de décision en cas d'arbitrage sur des points aussi bien techniques, fonctionnelles qu'organisationnelles.

Le 2ème élément est relatif à une communication efficace, transparente et ouverte entre les membres de l'équipe projet mais aussi avec toutes autres parties prenantes internes ou externes au projet à l'instar des utilisateurs finaux, des fournisseurs/éditeurs de solutions, les intégrateurs SI, les agences de régulation/protection de données à caractères personnels et des partenaires du projet. Cette communication passe à travers la mise en place d'une gouvernance du projet et d'une comitologie à plusieurs niveaux (comités de suivi du projet, comités de pilotage ...) ainsi que la mise en place d'outils de communication et de partage de documents (Groupwares et systèmes de management des connaissances).

Un autre facteur déterminant dans le succès d'un projet SI est la capitalisation du savoir et savoir-faire acquis. Ainsi, pour les projets SI il s'agit de prendre en compte le feedback des utilisateurs ayant adopté les nouveaux systèmes ; d'améliorer en continue l'architecture fonctionnelle et technique ainsi que l'urbanisation du système d'information de l'entreprise afin de garantir un meilleur alignement entre le système d'information et la stratégie de l'entreprise ; de perfectionner les processus de gestion de projets SI au sein de l'organisation et de créer une base de bonnes pratiques (Best practices) à partager avec la communauté des chefs/acteurs de projet SI à travers l'organisation. Hormis le retour d'expérience sur les anciens projets, cette base pourrait être complétée par les bonnes pratiques issues des référentiels internationaux tel que le PMBOK[26] (Project Management Body of Knowledge) du PMI (Project Management Institute), COBIT[27] (Control Objectives for Information and Related Technologies) de l'ISACA (Information Systems Audit and Control Association) ou ITIL[28] (Information Technology Infrastructure Library) d'Axelos.

---

[26] PMBOK® Guide 2021.

[27] Information Systems Audit and Control Association, Information Systems Audit and Control. 2018. *COBIT 2019 Framework: Governance and Management Objectives*. ISACA.

[28] ITIL foundation: ITIL 4 edition (First edition.). 2019. *TSO.*

De plus, les compétences du manager de projet sont essentielles pour la réussite d'un projet SI. En effet, ces compétences sont à la fois techniques, managériales ou digitales. Les compétences techniques sont relatives aux capacités du chef de projet à établir un budget, un échéancier et à suivre les coûts engagés sur le projet, les ressources allouées et les délais des différentes tâches de l'échéancier. Il s'agit également de livrer un système d'information de qualité ou en d'autres termes conforme aux spécifications et exigences du client final.

En outre, le chef de projet doit posséder des compétences managériales afin de garantir une bonne réussite du projet. En effet, le chef de projet doit être en mesure de gérer les éventuels conflits entre membres de son équipe ou bien avec une partie prenante du projet. Aussi, il est le garant de la cohésion de son équipe en veillant au recrutement des profils adéquats tout en proposant un mentorat et un coaching aux jeunes recrues afin de les aider à monter en compétences sur le projet.

Il est responsable de la constitution d'une équipe multidisciplinaire tout en favorisant un climat de collaboration. Il valorise les initiatives et expertises des membres de l'équipe et évalue leur performance de manière régulière. Le chef de projet conduit efficacement les différentes équipes ou groupe de travail, stimule la motivation de l'équipe et encourage une prise de décision participative. Il veille au partage de l'information en temps réel avec les parties prenantes internes et externes, définit et partage les indicateurs de performance et favorise une communication efficace à travers l'usage des nouvelles technologies de l'information.

Il définit également les rôles et les responsabilités des membres de l'équipe selon leur niveau de compétence en utilisant par exemple la matrice RACI (Responsible, Accountable, Consulted, Informed) qui précise pour les différentes tâches du projet les membres qui en seront responsables, celles qui les valident, celles qui seront consultées pour demande d'expertise/conseil et celles qui seront informées de leur exécution. L'encadré ci-dessous présente un exemple de répartition RACI selon les activités, phases et tâches du WBS (Work Breakdown Structure).

<u>Illustration :</u>

			Nom/Prénom	Nom/Prénom	Nom/Prénom				
Activité 1	Phase 1	Tâche 1	A	I	R				
		Tâche 2	C	A	R				
		Tâche 3	A	R	C				
	Phase 2	Tâche 1	R	A	C				
Activité 2	Phase 1	Tâche 1	C	R	A				
	Phase 2	Tâche 1	I	C	A				
		Tâche 2	A	R	I				

Le chef de projet doit être en outre capable d'identifier, de prioriser et de résoudre les problèmes en prenant les décisions adéquates. Et ce, en identifiant les causes racines des problèmes, en cherchant des solutions créatives et en prenant des décisions efficaces tout en assurant le suivi des décisions. De plus, il doit être capable de présenter l'avancement du projet lors des réunions de suivi et de prendre la parole en public afin de présenter le projet pour les parties prenantes internes ou externes.

L'innovation est une compétence essentielle pour un bon chef de projet. En effet, il est nécessaire d'assurer une veille permanente sur les nouvelles méthodes/tendances, de mettre au défi les idées reçues et d'encourager les autres membres de l'équipe à chercher de nouvelles idées et approches.

Enfin, les compétences digitales sont primordiales pour chef de projet SI surtout à l'ère post Covid. En effet, en adoptant les outils digitaux, le chef de projet favorise le travail collaboratif surtout quand il s'agit d'équipes à distance temporellement ou/et géographiquement. De plus, il doit être ne mesure de manipuler les logiciels de gestion de projet pour la gestion de l'échéancier, des coûts et de la qualité du projet. Il peut également utiliser d'autres technologies disruptives telles que l'intelligence artificielle, le Big data et les solutions cloud afin d'optimiser la gestion du projet

CHAPITRE 3 : LES ERP

Objectifs du chapitre :

- ✓ Distinguer entre un système d'information opérationnel et décisionnel.
- ✓ Comprendre la notion et les caractéristiques d'un ERP.
- ✓ Assimiler les différents avantages des ERP pour l'organisation ainsi que les éventuels inconvénients.

3.1 Systèmes d'information opérationnel

Les systèmes d'information sont de 2 types :

- Un système d'information opérationnel (ou transactionnel) : il participe à la gestion quotidienne des opérations de l'entreprise.
- Un système d'information décisionnel : permet de mettre en place l'ensemble des méthodes et outils utilisés pour piloter une entreprise et aider à prendre les décisions adéquates.

Pour le SI décisionnel, les utilisateurs sont moins nombreux vu qu'il s'agit généralement du Top/Middle management. Aussi, les entrées du SI décisionnel sont constituées de données externes ou/et issues du SI opérationnel afin de les agréger après analyse sous forme d'états de gestion et de projections.

Les enjeux de mise en place d'un système d'information décisionnel :

- Nécessité de disposer de la bonne information ;
- Nécessité de piloter l'activité de façon efficace ;
- Aide à la décision en amplifiant le raisonnement du décideur et en procurant la bonne information aux niveaux tactiques et stratégiques ;

- Permet d'avoir des informations orientées métier et agrégées de sources différentes (Système d'information opérationnel, données externes ...).

Pour le SI opérationnel, les utilisateurs sont nombreux vu que les entrées enregistrent toutes les transactions/événements afin de les traiter sous forme de tris/fusions/mises à jour et de fournir des États détaillés/enregistrements/listes en sortie. Les données au niveau du SI opérationnel sont ainsi détaillées, volumineuses et peuvent être aussi bien internes et qu'externes.

Les SI opérationnels permettent à l'entreprise de répondre à plusieurs enjeux :

- Automatisation des opérations courantes ;
- Digitalisation des processus métier ;
- Rationalisation des coûts ;
- Amélioration de la productivité au sein de l'entreprise ;
- Facilitation du travail coopératif entre plusieurs acteurs de l'entreprise.

Le système d'information opérationnel peut inclure, entre autres, un ou plusieurs logiciels par domaine métier :

- *CRM (Customer Relationship Management) :* pour la gestion de la relation client.
- *SCM (Supply Chain Management) :* pour gérer la relation avec les fournisseurs.
- *Les outils de workflows/groupware :* pour assurer respectivement une meilleure collaboration en entreprise ainsi qu'un partage des documents.
- *ERP (Enterprise Ressource Planning) ou Progiciels de Gestion Intégrés (PGI)* pour gérer plusieurs domaines à la fois d'une manière intégrée (finance/contrôle de gestion/achats …)

3.2 ERP : définitions et caractéristiques

Un ERP (Enterprise Resource Planning) ou également est un système intégré qui permet à l'entreprise de standardiser son système d'information pour relier et automatiser ses processus de base.

Il fournit aux employés les informations nécessaires pour diriger et contrôler les activités essentielles de l'entreprise le long de la chaîne logistique, de l'approvisionnement à la production/ exploitation jusqu'à la vente et à la livraison et la facturation au client final.

Les employés n'entrent qu'une seule fois les informations, qui sont alors mises à la disposition de tous les modules de l'ERP[29].

Ces derniers peuvent être paramétrés et activés par l'entreprise selon ses besoins. La figure 14 ci-dessous décrit des exemples de modules d'un ERP.

---

[29] Willis, T., and Ann Willis-Brown. 2002. "Extending the Value of ERP." *Industrial Management and Data Systems* 102 (February):35–38. https://doi.org/10.1108/02635570210414640.

Figure 14- Exemples de modules d'un ERP

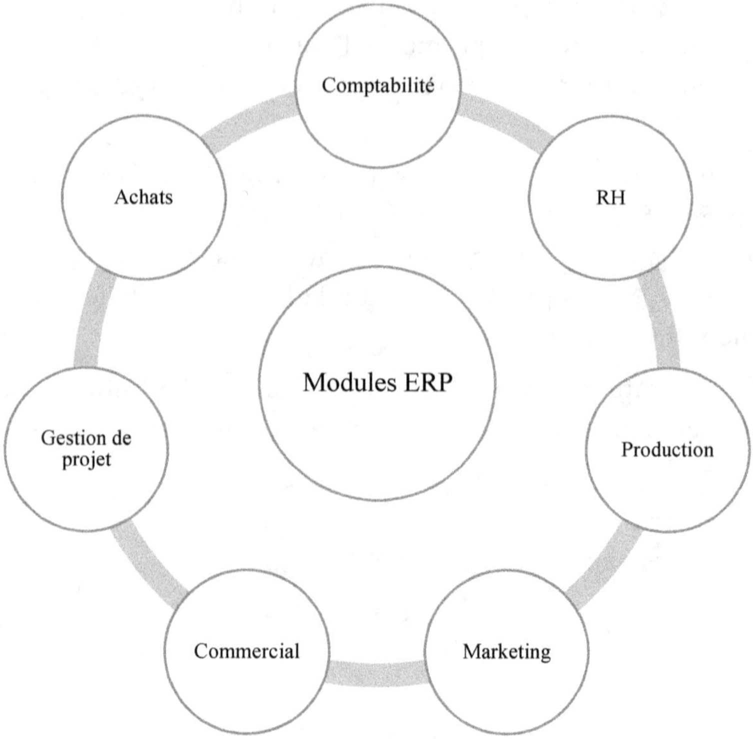

Selon Lequeux[30], les ERP disposent des principales caractéristiques ci-dessous :

- Gestion effective de plusieurs domaines de l'entreprise par des modules intégrés ou des progiciels susceptibles d'assurer une intégration ainsi qu'une collaboration des processus ;
- Existence d'un référentiel unique de données ; le référentiel est défini comme étant l'ensemble des références des données ainsi que les indications nécessaires pour retrouver les données elles-mêmes sur une base de données ;

---

[30] Lequeux, Jean-Louis. 2008. *Manager Avec Les ERP : Architecture Orientée Services (SOA)*. Editions d'Organisation.

- Uniformisation des interfaces homme-machine (mêmes écrans, mêmes boutons, même famille de barres de menu, mêmes touches de fonctions et de raccourcis, etc.) ;
- Existence d'outils de développement ou de personnalisation de compléments applicatifs.

Les ERP jouent les rôles ci-dessous :

- Les systèmes ERP permettent d'avoir des processus intégrés reposant sur un référentiel unique de données ;
- Ceci présente une solution pour réduire les coûts ;
- La performance globale à travers l'utilisation des ERP est également assuré via des gains de qualité et de délais ;
- Les solutions ERP permettent d'asseoir une entreprise orientée client à travers l'implémentation de processus transversaux.

De ce fait, les ERP présentent plusieurs avantages à l'entreprise à savoir :

- Cohérence des données : grâce au recours à une base de données unique ;
- Ergonomie unique : facilite l'utilisation et offre une expérience utilisateur cohérente ;
- Meilleure communication entre les modules (finances, achats ...) ;
- Solution paramétrable pour l'adapter aux besoins des utilisateurs et offre une autonomie aux directions métier dans la personnalisation du système ;
- L'existence de solutions ERP dédiées à un métier permet à l'entreprise d'adapter ses processus aux meilleurs pratiques du domaine ;
- Pour un groupe, l'ERP facilite la consolidation des données issues des filiales du groupe.

Néanmoins, quelques inconvénients peuvent être considérés :

- L'entreprise doit adapter ses processus dans la mesure du possible aux standards de l'ERP et notamment aux éléments rigides difficilement modifiables ;
- La mise en place d'un ERP implique souvent des projets complexes nécessitant refonte de tout le système d'information et des processus métier de l'entreprise ;
- Le transfert de compétences est souvent incomplet puisque la mise en place de l'ERP nécessite une expertise pointue sur le progiciel. Ceci implique une dépendance vis-à-vis des intégrateurs et des consultants et souvent des coûts élevés de maintenance.

Les solutions ERP sont soit :

- Standard : permet de formaliser et standardiser les processus ; Nécessité de s'adapter aux processus définis dans l'ERP avec une marge de personnalisation ; proposé par de grands éditeurs ; Marché concurrentiel.
- Spécifique : permet d'innover au niveau des processus ; permet de personnaliser et adapter les interfaces de l'ERP ; développé par de petits éditeurs ; Marché de niche.

Les solutions ERP sont soit :

- *En mode « Cloud » (SAAS : Software As A Service) :* minimise les coûts d'obtention d'un ERP. Néanmoins, ce mode présente des difficultés de personnalisation et des difficultés pour s'intégrer avec les autres applications de l'entreprise ;
- *En mode « On Premise » :* qui présente des difficultés en termes de maintenance. En effet, L'hébergement du progiciel nécessite des ressources techniques et humaines pour en assurer la maintenance.

<u>Illustration :</u>

SAP leader du marché des logiciels ERP propose un progiciel avec plusieurs modules dont :

- *Finance :* Module FI pour la gestion de la comptabilité générale et le module CO pour le contrôle de gestion.
- *Chaine logistique :* module MM pour la gestion des stocks, module SD pour la gestion de la distribution et des ventes, module PM pour la gestion de la maintenance.
- *Ressources humaines :* module HR pour la gestion des ressources humaines.
- SAP propose, outre la possibilité de paramétrage, un langage de programmation ABAP pour développer de nouvelles fonctionnalités.

CHAPITRE 4 : INTRODUCTION AUX TECHNOLOGIES DISRUPTIVES

Objectifs du chapitre :

- ✓ Prendre connaissance de l'émergence des technologies disruptives.
- ✓ Comprendre la notion de Big data ainsi que ses principales caractéristiques.
- ✓ Comprendre l'intelligence artificielle ainsi que les principaux algorithmes d'apprentissage automatique.
- ✓ Prendre conscience de l'impact des technologies disruptives sur les organisations à travers les cas d'usage présentés.

4.1 Émergence des technologies disruptives

En 1992, la National Science Foundation autorise le web commercial, premier site e-commerce "books.com". En 1994, il y'a eu le premier paiement en ligne sécurisé réalisée sur le site NetMarket. L'année 1995 a connu le début de l'E-commerce (Pizza Hut, Amazon, Ebay) et l'apparition de nouveaux modèles (B2C : business-to-consumer, C2C : consumer-to-consumer et B2B2C : business-to-business-to-consumer).

A partir des années 2000, l'usage des Smartphones a explosé et les données provenant des médias sociaux se sont rapidement diffusées (Google, Facebook, MySpace, Twitter ...).

A travers cet aperçu, nous constatons une production exponentielle des données qui devraient atteindre les 175 ZB en 2025 (Un Zettaoctet (ZB) équivaut à un trillion de Gigaoctets (GB). (Voir figure ci-dessous).

Figure 14- Production des données à travers les années (Source : Data Age 2025[31])

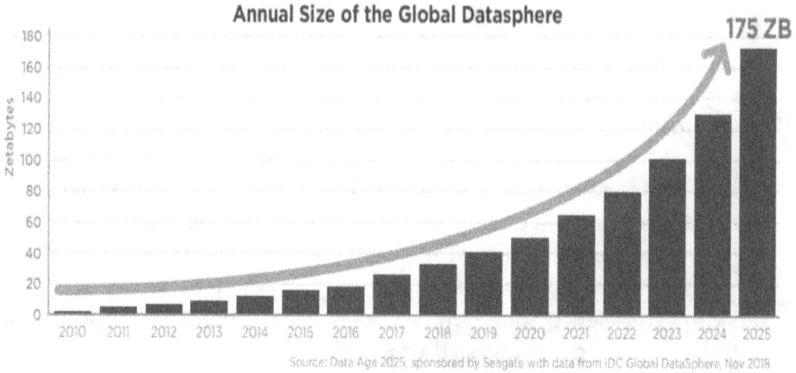

4.2 Introduction à la Big data

Le Big data englobe entre autres le contenu des médias sociaux (blogs, tweets, Facebook, etc.) et des données vidéo, toutes les données de la relation client, celles issues des capteurs dans le cadre de l'industrie 4.0 … Dans ce nouveau contexte, le facteur-clé de succès des organisations est de reconnaître les changements et de réagir rapidement et intelligemment.

Le terme Big Data réfère à l'accroissement exponentielle des données, au traitement de ces dernières ou de manière plus générale à toutes les étapes entrant en jeu dans le processus d'extraction d'informations utiles à partir d'énormes lots de données brutes. 3V sont distinguées pour la Big data : volume, variété et vélocité.

Le volume est relatif à une considération de volumétrie en dizaines de millions d'enregistrements par jours au minimum. En effet, la quantité de données digitales produites double tous les 2 ans. En d'autres termes, on a produit autant de données digitales ces 2 dernières années que tout ce qui a été produit auparavant. Ceci est dû principalement à l'explosion des données issues des

[31] Rydning, D. R. J. G. J., Reinsel, J., & Gantz, J. 2018. The digitization of the world from edge to core. *Framingham: International Data Corporation, 16*, 1-28.

capteurs grâce au développement de l'internet des objets (IoT) (voir encadré ci-dessous), les données issues des réseaux sociaux et téléphones mobiles ainsi que les données des entreprises.

Illustration :

- Internet des objets : Il s'agit d'un réseau composé d'objets physiques interconnectés (appelés "choses") dans le monde entier, capables de collecter et d'échanger des données sans interaction humaine.
- Ces appareils contiennent des systèmes intégrés (logiciels, électronique, réseaux et capteurs) capables de collecter des données sur le milieu environnant, de transmettre des données sur un réseau, de répondre à des commandes à distance ou de prendre des mesures en fonction des données collectées.
- Il existe aujourd'hui de nombreux dispositifs ou objets IoT, notamment des vêtements, des véhicules, des machines, des smartphones, des appareils, des systèmes informatiques ou tout autre élément capable d'envoyer et de recevoir des données.

La variété est relative à la variété des formats de données : HTML, Vidéos, SMS, Tweets, textes, bases de données relationnelles, CSV, Excel, Sons… Il s'agit de données hétérogènes, complexes et souvent liées : produites par des applications parfois différentes, par des utilisateurs différents, avec des liens explicites (par exemple citations, ancres url, etc.) ou implicites (à extraire ou à apprendre).

Les données peuvent être :

- *Structurées* : Il s'agit généralement de données qui ont été spécifiées en termes de longueur et de format.

Illustration :

Bases de données relationnelles :

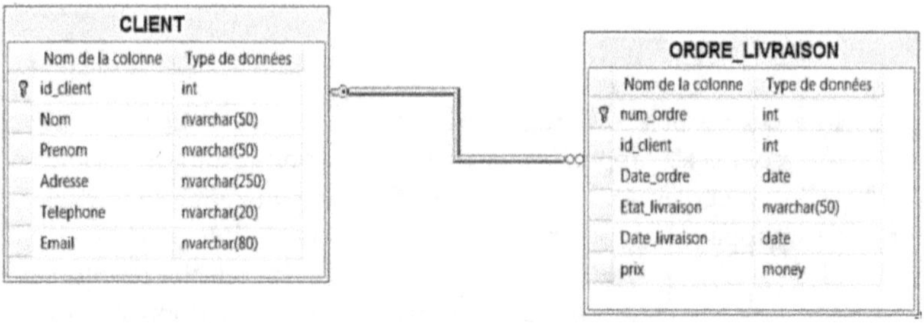

- *Semi-structurées* : ne sont pas complètement brutes ou non structurées et contiennent certains éléments structurels tels que des balises et des métadonnées organisationnelles qui facilitent leur analyse.

Illustration :

Fichier XML, HTML …

```
<Maison>
      <Fenêtre  Count="2">
      </Fenêtre>
      <Porte>
      </Porte>
      <Personnes Count="3">
        <Personne Name="Ahmed"> </Personne>
        <Personne Name="Sara"> </Personne>
        <Personne Name="Samir"> </Personne>
      </Personnes>
</Maison>
```

- Parmi les exemples de données semi-structurées, on trouve les E-mails, les documents Word en entreprise suivant une Template précise (cahier des charges avec des sections prédéfinies), …

- *Non structurées :* il s'agit de données qui ne peuvent pas être stockées sous forme de lignes et de colonnes.

Illustration :

Les textes, les images, les vidéos, etc.

- Parmi les exemples de données non structurées : Contenus multimédias, articles de presse, les notes manuscrites, les enregistrements audio, sentiments des investisseurs, publications sur les réseaux sociaux, photos, vidéos, …

Les données structurées représentent à peu près 20% des données disponibles alors que 80% sont des données semi-structurées et non structurées[32].

La *vélocité* est relative aux données qui arrivent en flux tendu et sont analysées pour générer immédiatement des informations utiles. En effet, les données sont créées de plus en plus vite et nécessitent des traitements en temps-réel.

D'autres auteurs[33] ajoutent quatre autres V (*véracité, variabilité, valeur et visualisation*) pour parler des 7V de la big data.

---

[32] Park, Byung-Kwon, and Il-Yeol Song. 2011. "Toward Total Business Intelligence Incorporating Structured and Unstructured Data." In *Proceedings of the 2nd International Workshop on Business intelligencE and the WEB*, 12–19. BEWEB '11. New York, NY, USA: Association for Computing Machinery. https://doi.org/10.1145/1966883.1966890.

[33] Kumari, S. (2018, February). Big data analytics for healthcare system. In 2018 IADS international conference on computing, communications & data engineering (CCODE) (pp. 7-8).

En effet, la *véracité* fait référence au niveau de confiance dans les données collectées. Il s'agit de la qualité et de l'exactitude des données. Ce volet a pris une importante majeure suite notamment aux polémiques de « Fake News » dans les réseaux sociaux ...Il est important car de fausses données peut engendrer de fortes turbulences sur l'ensemble des systèmes associés et provoquer des sinistres conséquents lorsque des décisions sont prises sur la base de cette interprétation.

La *valeur* est probablement le point le plus important des méga données et désigne toute l'importance et l'intérêt de ces dernières. En effet, l'accès et le stockage des données est très bien en soi mais le véritable objectif dans ce domaine est de sortir de l'information pertinente de cette masse d'information et d'en tirer un bénéfice.

Illustration :

Par exemple, un vendeur de croquettes chats en ligne qui possède une base de clients enrichie des informations sur les animaux (âge, maladie, ...).
Sur la base des informations spécifiques sur les clients et leurs animaux, cette entreprise décide de créer une nouvelle recette de croquette en rapport avec le groupe cible.
L'enrichissement permet de faire des prédictions sur le produit dont les clients auront besoin et ainsi générer plus de valeur pour le vendeur.

La *variabilité* est relative à l'environnement Big data qui est très changeant. De ce fait, les données du même type peuvent changer et les résultats peuvent varier d'une expérience à l'autre ou d'une plateforme à l'autre.

Illustration :

Le cas des données biologiques, physiques ou chimiques où les expériences nécessitent d'être reproductibles pour être considérées comme « valides ».
Autre exemple : l'analyse des textes, la signification des mots clés ou des phrases peuvent changer selon le contexte.

Enfin, La *visualisation* est le dernier point des projets en mégadonnées.

Il s'agit de littéralement visualiser l'information afin de tirer profit de l'œil humain dans l'analyse des données.

Cette visualisation peut se faire de plusieurs manières : des graphes 2D ou 3D, des réseaux, des cartes, des histogrammes, des nuages de points, des diagrammes en boîte, etc.

L'objectif reste de rendre l'information visuellement explorable et lisible pour permettre une meilleure prise de décision.

4.3 Introduction à l'intelligence artificielle

L'intelligence désigne communément le potentiel des capacités mentales et cognitives d'un individu lui permettant d'apprendre de nouvelles connaissances, de reconnaitre des formes et de résoudre un problème ou de s'adapter à son environnement.

On peut la subdiviser en différentes composantes : Intelligence pratique ; Collective ; Emotionnelle ; Intelligence des affaires.

Par extension, elle a été adaptée aux machines : on parle alors d'intelligence artificielle.

Tout a commencé dans les années 1950 avec le test de Turing qui considère une machine intelligente si, lors d'une interrogation cachée, un humain n'arrive pas à distinguer la conversation issue de l'humain de celle issue de la machine. La même année a connu l'invention par Shannon d'une machine capable de jouer aux échecs.

Cependant, le terme d'IA a été introduit par Jhon McCarthy en 1956 lors d'une conférence au Dartmouth College. Entre 1955-65, il y'a eu le "Grand enthousiasme" avec le : GPS (General Problem Solver) de Newell and et l'invention du LISP par Simon

McCarthy. L'année 1959 marque le début du machine learning avec la conception par Arthur Samuel d'un programme de jeux de dames.

Entre 1974 et 1980, plusieurs rapports critiquent le manque d'applicabilité des outils IA dans le monde réel (Rapport Lighthill aux UK). Il s'agit du « 1er hiver de l'IA ». Depuis débuts 1980, il y'a eu l'essor de l'IA en entreprise grâce notamment aux systèmes experts.

Puis, la période entre 1987 et 1993 a connu une nouvelle régression majeure de l'engouement à l'IA à cause notamment de l'effondrement de la machine LISP et des systèmes experts.). Il s'agit du « 2ème hiver de l'IA ». Après 1993, il y'a eu un essor de l'IA à l'image de Deep Blue qui a gagné le champion du monde des échecs en 1997. Enfin, l'engouement vers l'IA ne cessent de croitre ces 10 dernières années notamment à l'ère de la Big data et à l'augmentation des capacités de traitement et de stockage.

Nous distinguons principalement 2 types d'intelligences artificielles :

- L'IA forte : une machine capable de produire non seulement un comportement intelligent mais d'éprouver une impression d'une réelle conscience de soi, de « vrais sentiments » et une compréhension de ses propres raisonnements.
- L'IA faible : une approche pragmatique qui cherche à construire des systèmes de plus en plus autonomes, des algorithmes capables de résoudre des problèmes d'une certaine classe. Donc, la machine simule l'intelligence. Elle semble être comme si elle était intelligente.

En outre, l'IA utilise des techniques issues de plusieurs domaines : Informatique, Algorithmique, Linguistique, Mathématiques, Statistiques, Economie, Physique, Sociologie, Psychologie ...

Illustration :

Le cas d'utilisation de l'IA en finance, en Ressources Humaine et en marketing peuvent entre autres concerner les domaines ci-dessous :

- Pour la finance et l'audit :
  - ✓ Prédiction de l'attrition dans le secteur bancaire
  - ✓ Prédiction du cours d'actions en bourse
  - ✓ Détection de fraude
  - ✓ Gestion du risque de crédit
  - ✓ Gestion du risque opérationnel
  - ✓ Stratégies de trading
  - ✓ Chatbots pour organismes financiers
  - ✓ Lutte contre le blanchiment d'argent
  - ✓ Audit comptable
  - ✓ Gestion de trésorerie
  - ✓ …

- Pour les ressources humaines :
  - ✓ Recrutement
  - ✓ Formation personnalisée
  - ✓ Cartographie des compétences et mobilité interne
  - ✓ Fidélisation des talents
  - ✓ Evaluation des performances
  - ✓ …

- Pour le Marketing :
  - ✓ Prédiction de l'attrition
  - ✓ Segmentation
  - ✓ Ciblage dans les campagnes de Marketing Directe
  - ✓ Personnalisation de l'expérience utilisateur
  - ✓ Identification les émotions des clients
  - ✓ Améliorer le référencement naturel
  - ✓ CRM
  - ✓ …

Par ailleurs, les cas d'utilisation de l'IA sont divers et variés. Ils peuvent concernent toutes les fonctions de la chaîne de valeur marketing, les ventes, la logistique, les achats …).

Le Machine Learning (apprentissage automatique) est un champ de l'intelligence artificielle concernant les algorithmes capables d'apprendre sans être explicitement programmés. Il existe par ailleurs deux types d'apprentissage automatique : apprentissage supervisé et non supervisé.

- *Apprentissage supervisé :* se découpe en deux parties :
  - La première correspond à déterminer un modèle de données étiquetées (divisées en données d'entraînement et données de test/validation).
  - La deuxième consiste à prédire l'étiquette d'une nouvelle donnée, connaissant le modèle préalablement appris.

L'apprentissage supervisé permet de répondre à des problèmes de *régression* ou de *classification*. En effet, si l'on considère les variables d'entrée X = (X1, . . ., Xp) en tant que variables explicatives et la variable de sortie Y comme variable à expliquer ou de réponse, alors :

- Si Y est quantitative alors il s'agit d'un problème de régression : elle consiste à prédire une quantité continue telle que « poids », « coût ».
- Si Y est qualitative alors il s'agit d'un problème de classification : elle consiste à prédire une étiquette de classe discrète appartenant un ensemble fini tel que « Noir, blanc, gris ».

❑ Pour la *régression,* prenons l'exemple de la régression linéaire (voir figure 15 ci-dessous) :

Un modèle de régression linéaire simple est de la forme $Y = \beta0 + \beta1X + \varepsilon$

Où :

- Y est la variable dépendante.
- $\beta0$ et $\beta1$ sont les coefficients (ordonnée à l'origine et pente).

- X est la variable indépendante (variable explicative).
- ε est une erreur aléatoire.

Supposons que n paires d'observations (X1, Y1), (X2, Y2), . . ., (Xn, Yn) ont été faites. Substituant dans le modèle linéaire, on obtient $Yi = \beta 0 + \beta 1Xi + \varepsilon i \Rightarrow \varepsilon i = Yi - \beta 0 - \beta 1Xi$.

Les coefficients sont déterminés par la *méthode des moindres carrés.*

Figure 15- Illustration d'une régression linéaire

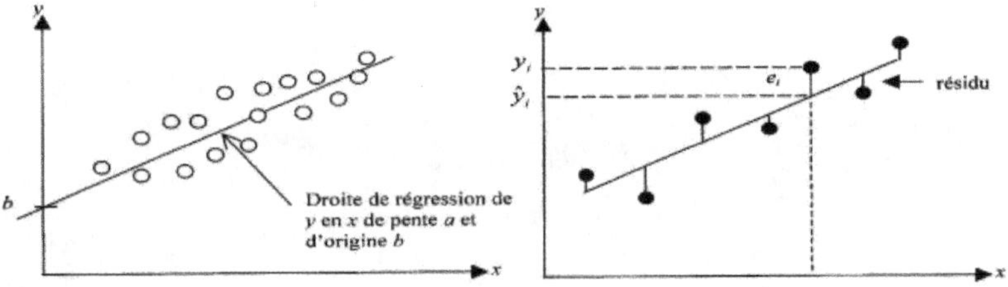

- ☐ La *classification* consiste à examiner des caractéristiques d'un élément nouvellement présenté afin de l'affecter à une classe d'un ensemble prédéfini.
  Il s'agit d'un processus en deux étapes :
  1. Construction du modèle à partir de l'ensemble d'apprentissage (training data set).
  2. Utilisation du modèle pour la classification de nouvelles données.

<u>Illustration :</u>

Parmi les exemples d'utilisation de la régression linéaire on peut citer :

- L'étude des variations de température en fonction de la consommation d'énergie ;
- Estimation des prix en immobilier en fonction de la superficie, estimation de la population en fonction de la superficie ou encore l'évolution de la consommation des ménages en fonction du revenu.

Parmi les algorithmes les plus utilisés en classification, il y'a l'algorithme K-Nearest Neighbors (KNN) qui prend en entrées : un ensemble de données d'apprentissage D, une fonction de distance d et un entier k.

Pour tout nouveau point de test x, pour lequel il doit prendre une décision, l'algorithme recherche dans D les k points les plus proches de x au sens de la distance d (par Ex. la distance euclidienne), et attribue à x la classe qui est la plus fréquente parmi ces k voisins. La figure 16 ci-dessous illustre le fonctionnement de l'algorithme KNN.

Figure 16- Illustration de l'algorithme KNN

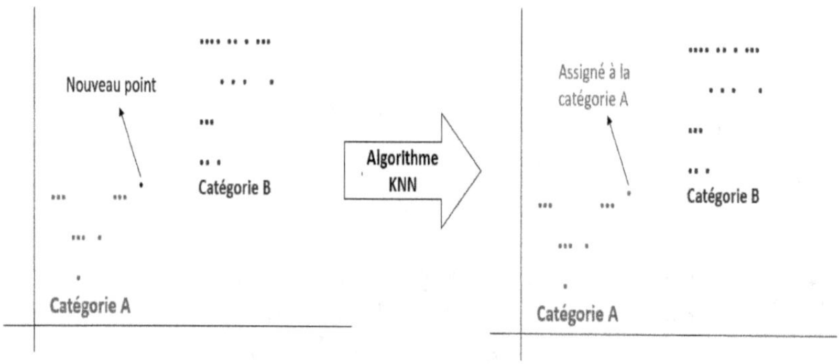

-*Apprentissage non supervisé* :

Pour l'apprentissage non supervisé, le système ne dispose que d'exemples, et le nombre de classes et leur nature ne sont pas prédéterminés. L'algorithme doit découvrir ainsi par lui-même la structure en fonction des données.

Parmi les techniques de l'apprentissage non supervisé, il y'a le clustering qui est un processus partitionnant un ensemble de données en sous-classes (clusters) ayant du sens. Il permet ainsi d'observer la distribution des données en identifiant les groupes et leurs caractéristiques (découvrir des corrélations) (voir figure 17 ci-dessous).

Figure 17- Illustration du clustering

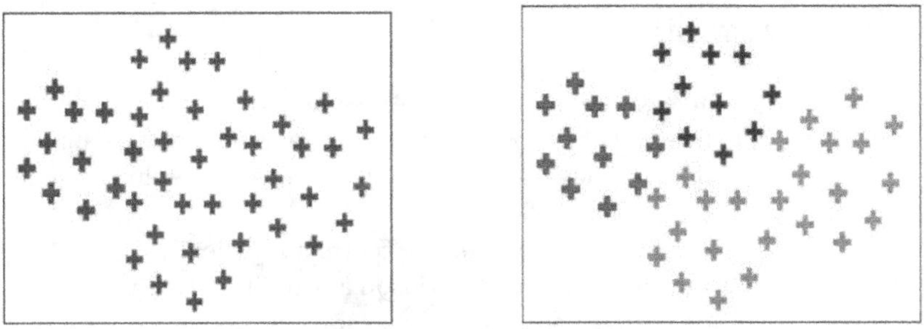

Illustration :

Parmi les exemples d'utilisation du clustering, on peut trouver la segmentation d'images, l'analyses des réseaux sociaux, l'analyse du marché et l'imagerie médicale.

- A titre d'exemple, Netflix utilise l'apprentissage non supervisée pour découvrir des patterns de segmentation de ses clients (clusters) ayant des préférences similaires de films/séries.
- Aussi, les banque et les assurances peuvent utiliser l'apprentissage non supervisée au niveau des systèmes de détection des anomalies/fraudes.

L'algorithme des K-means est parmi les algorithmes de clustering les plus utilisés.

Illustration :

- L'algorithme K-means est décrit ci-dessous :
  - Sélectionner K points comme les représentants initiaux
  - For i = 1 to N, affecter l'item xi au centre le plus similaire (ceci donne K clusters)
  - For j = 1 to K, recalculer le centre du cluster Cj
  - Répéter les étapes 2 et 3 jusqu'à ce qu'il n'y ait plus (ou peu) de changement dans les clusters.

- L'algorithme K-means peut être utilisé en marketing pour la segmentation des clients. En effet, : Il regroupe les données en clusters en fonction de similarités dans les caractéristiques des clients, permettant ainsi de segmenter la clientèle en groupes homogènes.

4.4 Panorama des solutions/plateformes techniques pour le Big data et l'intelligence artificielle

Les solutions Big data sont principalement en mode « Open Source » développé par Apache Software Foundation. Le principal Framework offrant une panoplie d'outils Big data intervenant tout au long de la chaine de valeur de traitement des données, est le Framework Hadoop.

Ce dernier est un modèle d'open source du Big Data adopté par les grands acteurs de l'informatique Le projet Apache Hadoop vise à développer des logiciels open source pour l'informatique distribuée évolutive et fiable. Sa bibliothèque de logiciels forme un cadre qui permet le traitement distribué de grands ensembles de données à travers des grappes d'ordinateurs à l'aide de modèles de programmes simples.

Hadoop est construit pour évoluer à partir de quelques serveurs à des milliers de machines, chacune offrant le calcul et le stockage en local

Plutôt que de s'appuyer sur le matériel pour fournir la haute disponibilité, sa bibliothèque de logiciels est conçue pour détecter et gérer les échecs au niveau de la couche d'application. Tous les modules de Hadoop sont conçus avec une hypothèse fondamentale que les pannes matérielles sont fréquentes et doivent être traitées automatiquement dans le logiciel dans le Framework.

La chaîne de valeur Big data peut-être présentée selon la figure 17 ci-dessous :

Figure 17- Chaîne de valeur du Big data

1) Génération des données :

A partir de plusieurs sources de données :

- Bases de données relationnelles ;
- Données d'interactions provenant des réseaux sociaux (vidéos, sons, textes), des e-mails, des SMS … ;
- Données provenant de machines (capteurs connectés ou Sensors faisant partie de l'internet des Objets IoT) : capteurs de températures, de mouvement, d'humidité, de pression … ;
- Données Web ;
- Transactions et logs ;
- …

2) Acquisition des données :

- Les données collectées sont transmises à travers du très haut débit (10 GB/s en moyenne) ;

- Les données sont ainsi intégrées (de différentes sources), enrichies, dédoublonnées et nettoyées.

3) Stockage :

- Il s'agit de stocker et traiter des gros volumes de données ;
- Ceci présente des challenges en termes de de capacités de **stockage** (sur disques dures /mémoire) et de capacité de **traitement** (Puissance des Processeurs)
- La solution consiste à archiver et traiter les données de façon distribuée (à l'aide des clusters). Le Big Data repose ainsi sur les notions des systèmes distribués. En effet, alors que les bases de données relationnelles se basent sur le langage SQL et sur la notion de serveur, les bases de données distribuées se basent quant à elles sur le langage NoSQL (Not Only SQL) et sur la notion de cluster ;
- Les bases de données traditionnelles ne sont pas appropriées car en termes de :
    - ✓ Volume : un seul serveur ne peut plus contenir toutes les données ;
    - ✓ Vélocité : la bande passante d'un seul serveur ne peut pas soutenir le taux de requêtes ;
    - ✓ Variété : les données ne sont pas toutes tabulaires (relationnelles).

Illustration : Serveur VS Cluster

- Un **serveur** informatique est un dispositif informatique matériel ou logiciel (un ordinateur) répondant automatiquement à des requêtes provenant d'autres dispositifs informatiques (les clients), mais qui a montré ses limites en termes de performance suite à l'augmentation des données et des utilisateurs :
  - ✓ Faible disponibilité du système informatique ;
  - ✓ Montée en charge très difficile et très coûteuse (Augmenter la mémoire les disques durs et les processeurs du serveurs) ;
  - ✓ Perte d'information lors de la défaillance du serveur.

- Le **cluster** (Plusieurs serveurs) ou ferme de calcul (computer cluster) rassemble en réseau plusieurs ordinateurs (nœuds) et fait apparaitre ces derniers comme un seul ordinateur ayant plus de capacité et de performances :
  - ✓ Augmenter la disponibilité du système informatique ;
  - ✓ Soutenir la montée en charge ;
  - ✓ Lors de la défaillance d'un serveur, le logiciel de regroupement isole le système incriminé ;
  - ✓ Lorsqu'un serveur est surchargé il se soulage en transférant des tâches à un autre serveur (répartition des charges).

▶ En termes de stockage :

- L'ensemble de données en entrée est distribué en un ensemble de petits blocs répartis sur les nœuds (ou machines).
- Ce type de distribution est réalisé avec un système de fichiers distribués (HDFS).

- ▶ <u>Traitement parallèle :</u>
- ❑ Les données distribuées obtiennent la puissance de N nombre de serveurs et de machines dont les données résident ;
- ❑ Les serveurs travaillent en parallèle pour le traitement des données et l'analyse ;
- ❑ Après traitement, les données sont fusionnées pour le résultat final recherché (Algorithme MapReduce).

4) <u>Analyse :</u>

- ▶ <u>Plusieurs types d'analyse :</u>
  - ❑ *Analyse descriptive :* description de la situation ;
  - ❑ *Analyse prédictive* : permet d'anticiper une tendance dans le futur ;
  - ❑ *Analyse prescriptive* : permet d'expliquer une tendance dans le futur et préparer des scénarios d'actions ainsi que les répercussions de chaque scénario.
- ▶ <u>Visualisation</u> à l'aide de graphiques, cartes, tracés, Nuages de mots, tableaux …

<u>Illustration :</u>

- A titre d'illustration, le tableau ci-après présente quelques solutions Big data tout au long de la chaine de valeur de traitement des données.

Type	Solution
Intégration de logs	Apache Flume
Intégration de base de données	Apache Sqoop
ETL	Talend for Big Data
Interface SQL	Apache Hive
Interface NoSql	Hbase
Framework de traitement	Spark
La sécurité	Apache Knox
Analyse	R
Visualisation	Tableau software

CONCLUSION

A travers cet ouvrage, les principaux concepts liés aux systèmes d'information ont été abordés et illustrés pour des fins pédagogiques à travers des exemples concrets et des applications dans le monde de l'entreprise. Les lecteurs issus aussi bien du monde académique que professionnel pourront à travers la lecture de cet ouvrage pédagogique être introduit au monde des données, des systèmes d'information et de leur impact sur les organisations.

La donnée est de ce fait aujourd'hui ainsi que le niveau de digitalisation de l'organisation un levier de compétitive et de performance. Les organisations ont ainsi augmenté la part de leurs investissements dédiés à la mise en place ou bien à l'amélioration de leurs systèmes d'information.

Par conséquent, la gestion des projets de mise en place de nouvelles infrastructures ou applications SI s'avère une compétence clé permettant à l'organisation de s'adapter continuellement aux évolutions de son environnement. L'ouvrage revient principalement sur deux méthodes de gestion de projet SI à savoir la méthode du cycle en V pour les projets à périmètre délimité et celle dite agile pour les projets dont le périmètre est changeant.

Les systèmes d'information peuvent aider l'organisation à mieux gérer son activité opérationnelle et permet également de l'aider dans la prise de décision. En effet, les progiciels de gestion intégrée (ERP) permettent aux entreprises d'unifier leurs référentiels de données ainsi que de fluidifier les échanges d'informations aussi bien entre les différentes Business Unit en interne et qu'avec les différents partenaires externes.

Plus récemment, les technologies disruptives commencent à être de plus en plus adoptées par les organisations. En effet, les cas d'usage de l'intelligence artificielle peuvent concerner toute la chaîne de création de valeur à travers l'automatisation des lignes de production, la prévention de l'attrition des clients, le recrutement des talents, la gestion de la relation client à travers les chatbots, le recrutement et la fidélisation des talents, ainsi que la maintenance prédictive … Ces cas d'usage se basant sur des modèles d'apprentissage automatique puisent leur efficacité dans la quantité et la qualité de données d'entraînement et de test. Ces dernières sont aussi bien structurées que non structurées à l'ère de la Big Data.

Ainsi, l'allocation de ressources humaines, matérielles ou financières par les organisations est aujourd'hui un levier permettant de créer ou d'asseoir un avantage concurrentiel pour les organisations.

ANNEXES

Annexe 1 : Manifeste Agile

Manifeste pour le développement Agile de logiciels

Nous découvrons comment mieux développer des logiciels
par la pratique et en aidant les autres à le faire.
Ces expériences nous ont amenés à valoriser :

Les individus et leurs interactions plus que les processus et les outils
Des logiciels opérationnels plus qu'une documentation exhaustive
La collaboration avec les clients plus que la négociation contractuelle
L'adaptation au changement plus que le suivi d'un plan

Nous reconnaissons la valeur des seconds éléments,
mais privilégions les premiers.

Kent Beck	James Grenning	Robert C. Martin
Mike Beedle	Jim Highsmith	Steve Mellor
Arie van Bennekum	Andrew Hunt	Ken Schwaber
Alistair Cockburn	Ron Jeffries	Jeff Sutherland
Ward Cunningham	Jon Kern	Dave Thomas
Martin Fowler	Brian Marick	

REFERENCES

Ackoff, R. 1989. "From Data to Wisdom." *J. Appl. Sys. Anal.* 16:3–9.

Beck, K. 2001. "Manifesto for Agile Software Development." *Http://Agilemanifesto.Org/*. https://cir.nii.ac.jp/crid/1570572701280467328.

Besombes, Béatrix, Lorraine Trilling, and Alain Guinet. 2004. "Conduite Du Changement Dans Le Cadre Du Regroupement de Plateaux Médicotechniques. Apport de La Modélisation d'entreprise." *Journal Européen Des Systèmes Automatisés* 38 (6): 691. https://doi.org/10.3166/jesa.38.691-723.

Declerck, R. P., J. P. Debourse, and C. Navarre. 1983. *Méthode de Direction Générale : Le Management Stratégique*. Éditions Hommes et Techniques. https://cir.nii.ac.jp/crid/1130282272502998016.

Ermine, Jean-Louis, Mahmoud Mouradi, and Stéphane Brunel. 2012. "Une Chaîne de Valeur de La Connaissance." *Management International = International Management = Gestión Internacional*, Gestion des Connaissances dans la Société et les Organisations, 16 (Hors-série): 29–40. https://doi.org/10.7202/1012391ar.

Information Systems Audit and Control Association, Information Systems Audit and Control. 2018. *COBIT 2019 Framework: Governance and Management Objectives*. ISACA.

Le Moigne, Jean-Louis. 1990. *La modélisation des systèmes complexes*. Dunod.

Legrenzi, Christophe. 2015. "Informatique, numérique et système d'information : définitions, périmètres, enjeux économiques." *Vie & sciences de l'entreprise* 200 (2): 49–76. https://doi.org/10.3917/vse.200.0049.

Lequeux, Jean-Louis. 2008. *Manager Avec Les ERP : Architecture Orientée Services (SOA)*. Editions d'Organisation. https://www.scholarvox.com/catalog/book/10294958.

Norme ISO 9001, Systèmes de management de la qualité

Park, Byung-Kwon, and Il-Yeol Song. 2011. "Toward Total Business Intelligence Incorporating Structured and Unstructured

Data." In *Proceedings of the 2nd International Workshop on Business intelligencE and the WEB*, 12–19. BEWEB '11. New York, NY, USA: Association for Computing Machinery. https://doi.org/10.1145/1966883.1966890.

Reix, Robert, Bernard Fallery, Michel Kalika, and Frantz Rowe. 2016. *Systèmes d'Information et Management des Organisations - 7ème édition*. Vuibert Gestion. https://univ-lyon3.hal.science/hal-01493256.

Royce, W. W. 1987. "Managing the Development of Large Software Systems: Concepts and Techniques." In *Proceedings of the 9th International Conference on Software Engineering*, 328–38. ICSE '87. Washington, DC, USA: IEEE Computer Society Press.

Schwaber, Ken. 2004. *Agile Project Management With Scrum*. USA: Microsoft Press.

Sliger, Michele. 2011. *Agile Project Management with Scrum*. Project Management Institute.

Takeuchi, Hirotaka, and I Nonaka. 1986. "The New New Product Development Game." *Harvard Business Review : HBR*, Harvard business review : HBR. - Boston, Mass. : Harvard Business School Publ. Corp., ISSN 0017-8012, ZDB-ID 2382-6. - Vol. 64.1986, 1, p. 137-146, 64 (1).

Weill, P. 2002. "What IT Infrastructure Capabilities Are Needed to Implement E-Business Models?" *MIS Quarterly Executive* 1 (1): 17–34.

Weill, Peter, Mani Subramani, and Marianne Broadbent. 2002. "Building IT Infrastructure for Strategic Agility." *MIT Sloan Management Review*, October. https://sloanreview.mit.edu/article/building-it-infrastructure-for-strategic-agility/.

Willis, T., and Ann Willis-Brown. 2002. "Extending the Value of ERP." *Industrial Management and Data Systems* 102 (February):35–38. https://doi.org/10.1108/02635570210414640.

Wysocki, Robert K. 2011. *Effective Project Management: Traditional, Agile, Extreme*. John Wiley & Sons.

INDEX

Structures éditoriales du groupe L'Harmattan

L'Harmattan Italie
Via degli Artisti, 15
10124 Torino
harmattan.italia@gmail.com

L'Harmattan Hongrie
Kossuth l. u. 14-16.
1053 Budapest
harmattan@harmattan.hu

L'Harmattan Sénégal
10 VDN SICAP AMITIE 3
BP 45034 Dakar-Fann
direction@senharmattan.com

L'Harmattan Cameroun
Tsinga/Derrière polyclinique FECAFOOT
BP 11486 Yaoundé
Jacques.koukam@harmattan.fr

L'Harmattan Burkina Faso
Villa 281, secteur 23 623, rue 14.32
Ouagadougou
zagbie@outlook.fr

L'Harmattan Guinée
Almamya, rue KA 028 OKB Agency
BP 3470 Conakry
harmattanguinee@yahoo.fr

L'Harmattan RDC
185, avenue Nyangwe
Commune de Lingwala – Kinshasa
matangilamusadila@yahoo.fr

L'Harmattan Congo
219, avenue Nelson Mandela
BP 2874 Brazzaville
deunovmikhael@gmail.com

L'Harmattan Mali
Immeuble Mgr Jean Marie Cissé
Aci Hamadallaye
BP 145 Bamako
syllaka@yahoo.fr

L'Harmattan Togo
Djidjole – Maison Amela
face EPP BATOME
02 BP 20680 Lomé
didieramela11@gmail.com

L'Harmattan Côte d'Ivoire
Résidence Karl – Cité des Arts
Abidjan-Cocody
03 BP 1588 Abidjan
harmattan.ivoire@gmail.com

L'Harmattan Bénin
Rue 604, (Immeuble à l'entrée
de la rue UCAO- Cite de Saint-Jean)
Cotonou
stepcorpus@gmail.com

Nos librairies en France

Librairie internationale
16, rue des Écoles
75005 Paris
librairie.internationale@harmattan.fr
01 40 46 79 11
www.librairieharmattan.com

Librairie des savoirs
21, rue des Écoles
75005 Paris
librairie.sh@harmattan.fr
01 46 34 13 71
www.librairieharmattansh.com

www.ingramcontent.com/pod-product-compliance
Lightning Source LLC
LaVergne TN
LVHW051629071026
849535LV00009BA/3513
* 9 7 8 2 3 3 6 5 4 0 0 9 2 *